U0172033

影录花名

台湾的海鲜

不论古今中外，谈到吃的艺术，咱们中国人的吃，不但名扬四海，而且可以说傲视寰球。从前梁均默（寒操）先生说过："外国朋友到中国来观光，欣赏到故宫博物院一些历代珍藏，是饱了眼福；品尝到中国各省千变万化的山珍海错，虽然是羊羹斋饭，一经妙手烹调，也成为醇脆鲜腴的金浆玉醴，于是又饱了口福。"证之外国朋友的谈话，和他们的记述，均老所说的确是不移之论。

光复那年，笔者初到台湾，想随便吃碗牛肉面，就是走遍了全台北市，也别想吃到嘴。当时衡阳街仅有一家叫绿园的福建菜馆，能吃到几只半甜不咸的福州肉包，已经觉得大快朵颐，算是吃了一顿有滋味的美餐啦。

近二十年来，餐饮事业蓬勃骏发，林林总总，蔚为大成。就拿台北一地来说吧，全国各省口味的小饭馆大餐厅，可能千把家还不止呢。其他各省的菜肴，咱们姑且不谈，现在把笔者所吃过的海鲜，认为具有独特本省味儿的，介绍出来请大家指教。

清代精于饮馔的美食专家，要属随园老人了。袁简斋（枚）先生认为中国沿海各地，虽然都有海鲜出产，以鲜度论，自然北胜于南，以种类分，则又南多于北。拿台湾海鲜的种类来说吧，可真是集苏、浙、闽、粤各沿海省份海产之大成，可以说是珍错毕备，而且尤有过之。

乌鱼仔

光拿"乌鱼仔"说吧，笔者在大陆不但

没吃过，而且也没听说过。据朋友告诉我，乌鱼平日都在暹罗湾一带海底栖息，每年靠近冬至，海水渐凉，乌鱼群才游来高雄海面。笔者初来台湾，在物资调节委员会一位朋友家喝啤酒聊天，他拿出一对黄中透亮、色如琥珀的乌鱼仔来，先用棉花蘸着上好白干酒，一遍又一遍地擦，把表面一层薄膜擦得都脱了皮。然后把皮一齐撕掉，切成小薄片，架在小炭炉上，用文火慢慢地烤。烤到鱼仔上鼓起一粒一粒的小泡，才算大功告成。配上切得飞薄的大蒜片来下酒，香鲜适口，柔而不腻，比吃荷兰的高级忌司下酒，还来得够味儿。

早年台湾的上林花，是著名的酒家。因为乍到台湾，还不懂得点菜，有一位酒家小姐外号叫航空母舰的，以拳雅量宏、一口气能半打啤酒下肚面不改色而得名。这种巨无霸型酒女，应当是没有人敢来领教的，可是偏偏这位巨型酒女，一到华灯初上，客人简直应接不暇。

据说她唯一拿手，是会给客人点菜。有一次她给我点了一客生炒"龙肠"，其形状好像迷你式的小鱿鱼，入口一嚼既脆且嫩。据说这种龙肠，是从公乌鱼肚子里掏出来的一种似鱼膘的东西，除了好吃，还非常滋补。尤其不是每一尾公乌鱼都有，所以比较名贵。这个菜只在上林花吃过一次，以后在酒家饭馆露店海鲜，点过几次生炒龙肠，都回说没有，到现在想起来，那一种脆嫩爽口的味觉，仍然时绕齿颊。

鲜干贝

"鲜干贝"，当年在沈阳鹿鸣春吃过一次口蘑烩鲜干贝，每个干贝有一寸见圆大小，纤维细嫩，脆如肚领，而且毫不牵齿塞牙。兼之东北饭馆炒菜都不用味精，而用上等口蘑提味，所以这道菜更是鲜上加鲜。

来台湾后，碰巧知友金燕如主持台北的小春园，他送过一道敬菜，是大蒜头煨鲜干贝，此地干贝体积只有东北所吃干贝一半大小，可是色香味都不输于东北所产，后来虽然在其他饭馆吃过各种做法的鲜干贝，可是总觉得小春园所吃敬菜的大蒜煨鲜干贝，才算是酒家极品菜色呢。

九孔鲍鱼

"九孔鲍鱼"，在台湾简称九孔，属于蚌科。外壳质薄而坚，焕化五彩花纹，非常璀璨悦目，背上有九个螺纹小孔，所以名为九孔。九孔大半产于花莲台东沿海一带，据说以台东所产为正宗。凡是台东所产，背壳上一定是九个螺孔；背壳螺孔，不是九个，或多或少，老饕们甭吃，一瞧就知道不是台东出产的真正九孔啦。

九孔的好处，是比一般蚌类都肥硕细嫩，

吃一只就是一只，非常挡口（耐嚼的意思），不像吃海瓜子，鲜则鲜矣，实在太抠搜不解馋。九孔以盐卤涂搽，在火上干烧，最能保持本身鲜味。可惜花东一带大小饭馆的大师傅，对于烹调九孔的手艺都不甚高明，老嫩的火候没法把握住，挺好的一般九孔，十次有九次是嚼不动的，遇上没除韧带，还会塞牙，真要替九孔叫屈。后来在高雄李家花园，吃到了一次老嫩适度、鲜醇味浓的九孔，才能引厄大嚼了一番。

蚬螺

"蚬螺"，台湾出产的蚬螺，肥状鲜脆是不输闽浙两省的。一味炒蚬螺片，是当年太平町新中华主厨陈阿廉的拿手菜。新中华在全盛时代，逢到星期休假，太平町大菜市从南部运来的蚬螺，要让新中华先挑，其势派跟北平正阳楼到菜市批购大螃蟹一样。他家挑完才开秤，人家不计较价钱，只要雌雄成对，黄满肉肥，要多少钱一斤，给多少钱，从不还价。新中华到市上买蚬螺，也是如此。所以要吃好蚬螺，必定到新中华去。自从新中华收歇，陈阿廉曾经回到高雄，在河东路一家海鲜店主厨，仍然以炒蚬螺片来号召食客，生意依旧兴旺异常。

香鱼

"香鱼"只有台湾才有，而且是新店碧潭的特产。这种鱼完全靠水中石头空隙生长的苔藓当主食，鱼的形态大小，跟天津卫河银鱼差不多，不过香鱼不是银白色，而是灰中泛绿。因为它专吃青苔，所以其味鲜中带苦。从潭里捞上来，立刻用油炸酥，撒上点花椒盐来下酒，或者用水豆豉蒸来啜粥，都是绝妙的小菜。

有一位隐居在碧潭的雅人庄主恩先生，

在潭边开了一家叫香庄的小酒馆。他家的拿手菜是糟酿香鱼，清淡隽永，风味绝佳。

游弥坚生前最爱吃香鱼，他说："香鱼性质温凉，功能明目降火，如果闹风火牙痛，到碧潭多吃几次香鱼，必定消炎止痛。"后来逛碧潭的人，都要尝尝香鱼，于是名传遐迩，游客都以一试香鱼为快。利之所在，捕鱼人网捕电捉，不两年，潭里香鱼，几近绝迹。香庄小酌，也变为陈迹。

听说最近潭里又偶有香鱼出现，希望今后大家都能珍惜鱼源，千万不要竭泽而渔，让潭里香鱼能够蓬勃繁衍，恢复往日风光，岂不甚妙。

螃 蟹

台湾嘉义的布袋港、台南的安平港、高雄的红毛港，都是以出产螃蟹驰名。台湾螃蟹分两种，一种叫红蟳，一种叫青蟹。此地的青蟹，自然比不上大陆的大闸蟹膏腴肉满，可是台湾出产的红蝤，大陆也很少见到过。

至于吃螃蟹，平津讲究七尖八团，江浙讲究九月尖脐十月团，总要在中秋月圆、桂子飘香，或是重九登高、东篱采菊，才是持螯对酒的季节。可是台湾吃蟹，要在暮春三月莺飞草长的时光，红蝤才能膏满膘足。这时候，一打开蟹盖，真是所谓顶盖黄，整个蟹盖长满了蟹膏，爱吃蟹黄的朋友，足可大快朵颐。可是到了秋末冬初，大陆吃蟹的季节，反而肉松膏稀啦。

什么事都有例外，记得早年客居嘉义的时候，嘉义税捐处徐南祥兄，土地银行陈衡夫兄，加上笔者，都是吃螃蟹的老饕，偏偏遇上嘉宾酒家有个叫阿昆的养蟹专家，他有一手绝活，把买来的红蝤养在瓦坛子里，四周用高粱谷糠塞紧，让蟹在坛子里丝毫不能动转，每天喂两次煮熟碾碎的鸭蛋黄，就是隆冬三九，寒风刺骨的季节，您要是到嘉宾吃红蟳，仍然能够吃到顶盖黄的大肥蟹。近年医学界研究出来，吃红蟳的油膏，最容易增加胆固醇，因此美看当前，凡是血脂肪浓度稍高的朋友，都怀有戒心，不敢多打牙巴骨啦（北平土话"大啖"的意思）。

西施舌

"西施舌"也是台湾海鲜名产。基隆、鹿港、东港都有出产。初到台湾，在台北基隆吃的西施舌，都是基隆出产。后来基隆港因为来往船舶过多，港湾里的海水受汽油杂物的污染，连带炒出来的西施舌都有点汽油味，所以大家吃西施舌，都趋向鹿港、东港的海鲜店了。

中部人士认为鹿港的西施舌是一绝，可是笔者觉得鹿港的西施舌，虽然鲜嫩兼备，可是仍嫌肥状不足，尤其所含泥沙，不易洗净，令人不敢放胆一嚼。

至于东港一带，往来船只都是小船，港湾吃水较深，由于水质气温的影响，东港的西施舌，不但鲜嫩，而且特别肥实。东港有一间叫福记的家庭化饮食店，主人风雅好客，还养了不少盆景洋兰，遇到真正吃客，老板一高兴，挽起袖子，自己下厨动手，来一盘生炒西施舌，那真是香滑细润，腴而不濡，比起一般饭馆用浓芡烩出来的西施舌，不知要高明多少倍。他家的生炒西施舌只卖小盘，据说炒西施舌的秘诀，是猛火快炒速翻，如果起勺时（离火翻腾，是厨行术语），勺里材料一多，翻炒不匀，火候把握不住，就难免失去鲜嫩的特质了。所以宁可一盘不够，再补一个，才是真正吃西施舌的行家。

蚵

"蚵"，大陆叫牡蛎，台湾叫蚵，是用人工在咸水港养殖出来，也是最平民化的海鲜。

高雄的新打港，台南的安平新港鲲鯓湖四周，都是养蚵的大本营。养蚵人家有的采用固定式吊蚵，有的采用浮力式吊养，大约一只蚵吊养十四天到二十天，就肥大可吃了。近年社会上流行吃海鲜，电视台布袋戏里也穿插有买蚵儿煎的表演，所以蚵儿煎、蚵儿面线，变成男女老幼人人欢迎的美食了。

近年因为养蚵利润不错，所以高雄县顶寮下寮、台南安平鲲鯓的养蚵人家越来越多，把港湾航道布满了蚵架，航道一淤塞，大小渔船，简直没法进出。渔民蚵民因为利之所在，时常发生械斗，所以政府已下决心，限期将阻碍航道的蚵架一律拆除。谁又想到吃一盘蚵儿煎，其中还有那么多的麻烦事儿呢。

吃蚵儿煎一定要用平底锅煎，平底锅不吃油，可以少放油，用鸡蛋葱花经油煎来，才不腻口而香嫩。台南的蚵儿煎、担仔面是全省闻名的，本来只是在街头露店才有蚵儿煎吃，不登大雅的。自从高雄的大统公司开幕，九楼的大排档里，蚵儿煎居然也高踞一席啦。

海瓜子

大陆江浙一带的人士，认为"炝活虾""海瓜子"都是呷酒的隽品。台北的淡水也有海瓜子出产，虽然鲜度不差，可是壳厚肉羸，沙砾又多，大家嫌麻烦，都不愿意弄来下酒。一九七二年，笔者到金门，出乎意料吃到了又肥又嫩的海瓜子。同席一位士官长，碰巧是浙江黄岩人，彼此同嗜，一大盘海瓜子，三下五除二，吃得清洁溜溜。隔席全是鲁豫老乡，大概对海瓜子不感兴趣，还剩下大半盘，我们把它拿过来大啖一番。曾经听朋友说金门的海瓜子是海鲜里一绝，一试之后，果然不凡。

笔者最喜欢吃的鱼有三种，松花江的白鱼，苏北里下河的鲴鱼，还有一种就是大黄鱼。这三种鱼都是肉质细嫩,腴而刺少的。在台北吃过不少次名庖烹制的大黄鱼,据说都是金门来的,因为冰冻过久,总觉鲜味稍逊。这次到金门,所住招待所有一位厨师,是天津西沽人。有一天午餐,居然有海碗侉炖大黄鱼。所谓侉炖,就是天津一般住家户家常做的熬鱼。金门吃黄鱼都是从海里现打上来的,离水不过三几个小时,自然是鲜肥细嫩,美到极点。鱼身上的蒜瓣肉,到嘴里还带点甜丝丝的。说实在,就是当年在天津也没吃过这么甘肥腴润的熬鱼呢。那次到金门的成员,平津老乡占的比例很高,有人一夸好,大家随声附和,连着三餐都有侉炖大黄鱼,再配上饭卷子吃,真仿佛回到老家,坐在炕头儿上吃家乡饭呢。

珠 螺

真正台湾海鲜特产是"珠螺",这种螺蛳

在大陆沿海各省都没见过。螺的体形特别小巧，长度只有二分左右，产在淡水、鹿港海岸一带，当年设在淡水的英国机构，就常常用珠螺加奶油，做奶油珠螺汤飨客，其味有点像鲍鱼，可是鲜美过之。英国人史密斯，管这种珠螺叫迷你螺，因为一只珠螺剔出来的螺肉，比火柴头大不了多少。买一大筐蛛螺不过台币几十元，可是剔出的螺肉仅只一小撮，剔工倒要几十元呢。珠螺也可以用淡水烫熟，加各种调味料来吃。有一次在鹿港吃海鲜，叫了一盘炝珠螺，敢情每只珠螺尾巴上都附生一个近乎半圆的小石块，跟螺尾紧固难分，不是同去朋友教我诀窍，我几乎拿不下来。据说这块小石头，其硬度可以媲美金刚石，用铁锤来敲也不容易砸碎。我想如果把这种螺石搜集起来，做个手镯或镶项链，倒是一件别出心裁的装饰品呢。

皇帝鱼

"皇帝鱼"也是本省特有的海鲜,这种鱼顾名思义,是曾邀宸眷的。吃皇帝鱼最好的时令是立冬前后,那时候皇帝鱼沿着海由南而北,游到基隆近海,已经红肌白理,骨软脂丰了。民国三十五年基隆物调会办事处,有位吃鱼专家陆竹侯。他把皇帝鱼跟跳柱火腿同煮,称之曰"五侯鱼",其实汉代大吃客娄护的五侯鱼是以鲵鱼为主的。笔者跟他半开玩笑说,不如改叫陆公鱼吧。想不到后来基隆鹿鸣春菜牌子上,居然有陆公鱼出现。您要问问堂倌,他会跟您回说,当年嘉庆皇帝游台湾,吃过这种鱼,认为风味特殊,烹调方法是一位陆大人从御膳房学会传出来的。这才二十多年事,以讹传讹,居然成为有鼻有眼的故事了。不过这道菜在陆府吃起来,的确清新鲜美,可以算得上鱼中逸品。

炸烹蜂窝虾

屏东东港有一家兴亚饭店，是以专卖海鲜出名的。自己有咸水池淡水池，饲养各种海鲜，不但任凭顾客挑选，还可以让大家赏玩。所以在他家吃海鲜，都是活生生欢蹦乱跳的下锅，好像在大陆吃现杀塘鲤、活剖白鳝一样，自然特别新鲜好吃啦。他家最拿手的菜是"炸烹蜂窝虾"，他把青虾脱壳抽肠，用面粉调稀，打入蛋白打泡，入调味料下锅，用猛火炸烹，等起锅上盘，活像金黄酥脆一只大蜂窝，那比酒后来一份什锦面或是炒粿条，都来得爽口开胃。这道菜是澎湖一位老师傅传过来的，想不到这个菜在澎湖其名未彰，现在反而成为东港兴亚饭店一道招牌菜了。

鳊鱼

"鳊鱼"又叫宽肚鱼，它的特色是肚囊宽

而且肥，这种鱼也是秋冬之交，由南往北逆水而行，越游越冷，肉也越来越嫩。台北城隍庙有一个饭摊，就是以卖鳊鱼粥出名的。香港人是最讲究吃粥的，香港有人吃过台北城隍庙的鳊鱼粥，他们说这种鳊鱼粥不但提味适口，比起香港的鸡球鲍鱼粥，还来得实惠好吃。如果把肥厚的鳊鱼糁上花椒盐，抹上姜汁晒干，第二年用鱼干来烧大白菜，更是荤中带素的一道最好的下饭菜。

炸沙肠

屏东的林边也是吃海鲜的地方，因为地方较偏僻，因此除了高屏两地的人前往光顾外，其他各县市就很少有人专程前往吃海鲜了。笔者经一位林姓朋友吹嘘，一同前往吃海鲜，林君是识途老马，点了一个"炸沙肠"。我想既然是吃海鲜，何必点肠子，结果菜一端上来，才知道自己露怯了。敢情所谓沙肠，是一种鱼的名字。这种鱼只有五六寸大小，细长条的身子，有点像大陆的凤尾鱼，只能炸着吃，而且最好用素油。炸出来的沙肠真是迸焦酥脆，连骨头带肉，可以一齐下肚，用来下酒，比炸龙虾片、烤鱿鱼，又别是一番滋味。除了林边之外，听说高雄六合二路有一家海鲜店，炸沙肠也最拿手，将来总要专程去尝一回。

香菇鱼翅羹

在台湾各县市夜市场的饭摊，都有香菇鱼翅羹卖，虽然有鱼翅，可也算是极普通的吃食。前些年笔者在嘉义，有人告诉我，嘉义喷水池边的香菇鱼翅羹，是嘉义吃食的一绝，不可失之交臂。那家饭摊的老板是广东客家人，除了卖鱼翅羹外，家里以养土鸡为业，长子在日本经商，次子在香港开店。香菇由日本供应，鱼翅在香港搜来，自己家又养鸡，原料货真价实。加上买卖越做越兴旺，又肯不惜工本，所以他家的鱼翅羹高人一等。李茂松当嘉义县县长的时候，在县长公馆举行茶会，就曾经用那家饭摊的香菇鸡柳鱼翅羹款待宾客，凡尝过这种鱼翅羹的都赞不绝口。事隔多年，现在去嘉义，不知道还能吃到他家的鱼翅羹否？

柴 鱼

"柴鱼"（日名鲣节）出在台东县的绿岛，在大陆时既没听说过，更没见过。柴鱼干看起来脏兮兮的，活像一块发了霉的旧木材。吃柴鱼要用刨子把它刨成小薄片，放入小布口袋里，用它来煮味噌汤或是煮粥，都异常鲜美提味。潮汕一带的同胞，都是最讲究吃粥的，他们吃过柴鱼粥后认为，粥中极品，莫过于用柴鱼来煮了。

"日月潭"

本省有一种蚌类，壳形扁薄，一面雪白，一面赤褐，我们一般好吃的朋友，给它起名"日月潭"，蚌肉鲜嫩，有如血蚶。这种蚌类赋性阴寒，夏日如生热火疖子，连吃几次"日月潭"，火疖即可消除。不过阴寒特重，妇女不宜多吃。吃"日月潭"，只宜白煮后蘸调味品下酒。高雄大水沟有一家露店，用小葱头、朝天椒、柠檬鱼露调味，不用酱油，酸咸馥辣，别具一格。旅美画家钱葆昂，前年回台观光，搜集"日月潭"贝壳一百多片，用化学药物将壳内瓷光褪去，遍请绘画界名家，画了若干鳞介草虫，配上锦盒，倒也是别开生面的文房清玩呢。

台湾在刚光复的时候，家庭日常饭菜，因为海鲜是最价廉食物，所以每顿饭都离不开海味。后来大陆各省各地的同胞，辗转来到台湾的日渐增多。山南海北、五花八门的饭馆子，一个跟着一个开起来。虽然花样翻新，可是变来变去，也变不出什么个别另样的馆子来了。

有人脑筋动得快，一下子就想到海鲜上面来。大家一起哄，你开海鲜园，我开海鲜楼，东边是活海产，西边是海味珍。应酬场合里，也认为吃海鲜是时髦新鲜玩意儿。于是海鲜时价直线上升，变成大宴小酌不吃海鲜，反而显得不够意思了。

不过海鲜虽然好吃，可是稍一不慎，非常容易引致河鱼之疾。有些朋友吃海鲜喝啤酒，如果肠胃欠健的朋友，海鲜啤酒下肚，是两不相容的，要是喝点五加皮或大曲茅台一类白酒，不仅消毒又可暖胃，凡我老饕，定有同感。

台湾海鲜，种类繁多，上面所写，不过来到台湾后，个人所吃几种比较特别的海味，罣漏错误，在所难免，尚请同好诸公，多多指正。

台东名产旭虾

　　若干年前我去花莲、台东考察烟农种烟情形，台东有一位烟农苏进德跟我诉苦，他说："我每年种烟特别勤力，可是每年卖完烟，算下大账来，虽然没有赔本，可是也没有赚到钱。"他要我替他研究是什么道理。我一看他的三甲多田，靠海太近，土质咸性又重，海风直透防风林，根本不宜种烟，所以我劝他改行。他有一位堂房兄弟苏文良在海上捕鱼为业，不是劝他捕鱼，就是劝他改渔业行经纪人。谁知他听了我的话毅然改行，在台东沿海富冈、白守莲一带打起鱼来。因他是海洋水产学校渔捞科出身，懂得新式技术，把作业地区扩大到花莲、苏澳，正赶上旭虾盛产时期。这种虾闽南话叫“倒退后”，因为它形状像一只大臭虫，所以有些人叫它“海臭虫”。据说海臭虫跟龙虾同类，全世界只挪威跟台湾地区的澎湖、台东、花莲有出产，可以说是既名贵更稀有的海产，可惜一般渔民不了解它的生活状态，无法大量捞捕。

后来苏进德跟水产试验所细心研究出捞捕新方法，而且可以进行人工繁殖。海臭虫膏腴肉甜，如果拿它当螃蟹蒸来吃，一只海臭虫剔出来的油膏虾肉，就有三四只大闸蟹那么多，吃起来真过瘾。

有一次苏进德一网罟了二三十只，他知道我喜欢吃螃蟹，就送我六只海臭虫，剥出来足足有四大碗。我加上点醋姜米，平铺搪瓷盆里，上面撒上厚厚的一层忌司粉，等到肉熟粉凝，取出来下酒，真是美肴。我吃海臭虫时，正赶上名律师张福康先生过访，他平日最想念的是阳澄湖的紫螯金毛大闸蟹。

吃过之后，他责怪我这么好的美肴，自己吃独食，为什么不约他共享。

如今台湾的海臭虫滋味鲜味都类似大闸蟹，实在是大家的口福，不过希望渔捞方面千万不要贪图近利竭泽而渔。否则像碧潭香鱼，钓客一味盲目捕捉，现在想吃，已经戛乎其难了。现在张大律师已归道山，我每次吃海臭虫总要奠上一杯酒，希望他来共享。

赏菊何须羡持螯

东篱菊绽，已透嫩凉，稷熟蟹肥，又到了持螯赏菊的季节了。

平津吃螃蟹讲究七尖八团，江浙一带吃螃蟹说九月尖脐十月团，应时当令，才是黄满膏腴的时候。初来台湾人生地不熟，仅仅在蓬莱阁、新中华一些酒家吃过红蟳，黄硬肉粗，徒有蟹形，而无蟹味。后来发现台湾也有清水蟹，有人说蟹内有一种血吸虫，如入脏腑，人即贫血羸枯而死。故友杜应酷嗜大闸蟹，来台之后就不时以台湾清水蟹解馋，终以血吸虫入肺，肺烂血竭，不治去世，于是我更断了在台湾吃清水蟹的念头。

一九七三年去港泰旅游，在曼谷避暑胜地帕特雅海滨，一家大饭店新张迎宾宴会上，有一道菜叫"新伯里（Newbury）式烩虾"。新巴克是大西洋海岸一个港口，以产龙虾著称。这道菜原本是以龙虾为主的，可是那天的虾，入口之后虾肉细润，远胜龙虾，芳鲜适口，几可媲美阳澄湖紫背金螯大蟹。向人请教，才知道是泰国土产的长脚虾做的。

参加这次晚会的有位泰侨鱼类输出组合邝君，他说："长脚虾是世界上最大的淡水虾，东南亚的印尼、马来西亚、泰国等地的溪流河川都产长脚虾，以泰国产的长脚虾肉最肥嫩。它是属于杂食性的虾类，除了以水生昆虫、蚯蚓、蝌蝌、幼蛭，以及水里植物的嫩叶须茎为主食外，甚至人类所吃的食物，都能够做它的饲料。不过最适宜长脚虾的水温是摄氏二十四度到三十四度，水温低于十五度时，它就失魂落魄呈现假死状态啦。如果不赶快提高水温，它就无法适应难以生存了。因为泰国长年酷热，日照灼人，河川水温经常比印尼、马来西亚高而稳定，所以泰国的长脚虾，鲜味、透明度在东南亚都是首屈一指的，凡是打算养殖长脚虾的国家，都乐意到泰国来引进虾苗。目前台湾农复会（现改农发会）的林绍文博士，正在曼谷研究如何解决繁殖饲养台湾引进长脚虾的技术问题，将来繁殖成功，台湾就有肥大芳鲜的长脚虾可吃啦。"听了邝君对于长脚虾的一段谈话，我在泰国住了一个暑假，留泰期间，遇有吃海鲜场合，总是大啖长脚虾。

回到台湾，曾经跟屏东东港渔会的林水破几位先生谈起长脚虾的问题。他们认为："本省南部河川有一种过山虾，无论煎炒烹炸做出菜肴来，风味都佳，跟长脚虾有虎贲中郎之似，真正精于饮馔的内行，才能品尝出些许差别。过山虾的肉比较粗松一些，这种虾也深受日本观光客的欢迎，因为产量有限，每次网获所得，大半都被几家观光饭店扫数搜购，以飨外宾了。"

去年仲秋在屏东里港乡友人家中餐叙，有一道菜是泰国式名菜"煎虾饼"，旁边还配了有甜、有酸、有辣的作料颇为地道，是女主人新从泰国学来的。这个菜选料要精，草虾、砂虾、斑节虾都不能用，一定要用长脚虾才够味儿。大家试尝之下，果然虾鲜味正，肉细而甘，跟曼谷珍宝大酒楼的煎虾饼式样滋味，完全一样。经主人解说，才知道所用长脚虾，就是从泰国引进繁殖成功的。

据说农复会引进的长脚大虾，最初是交给水产试验所东港分所跟台南分所培育饲养，经过两所的细心观察试验，严格选别，饲养六个月即可登盘供餐了。于是在里港、高树、潮州、枋山等十个乡镇各选五户农家养殖。想不到民间大力养殖推广之下，今年长脚虾的年生产量，已经从三十吨，遽增至八百吨了。这种名贵且风味独特的虾种，市面售价每台斤约为二百二十三元，虽然还没有滞销现象，可是年产量二三十倍往上增加，如果不早点严格订定产销计划，最后辛辛苦苦的成果，恐怕要付之虚掷了。

昨天有人从南部给我带来一篓刚捞上来的长脚大虾，每只都十多厘米长，头大脚长，身体壮硕。庭前菊花已绽，想起当年东篱赏菊、把酒持螯之乐，心中正感到怅惘空虚，有一种说不出来的滋味在心头滋扰。忽然想起长脚虾肉细而甜，拿它蒸熟蘸姜醋来吃，其味可能跟吃大闸蟹仿佛。于是洗净扎好上锅蒸煮，用姜末米醋蘸着虾肉大嚼，虽然没有腴润的蟹膏可吃，可是比吃红蟳过瘾多了。长脚虾的虾脑殷红柔腴、金浆味永，留起来下虾脑面，鹅黄衬紫、凝脂腴香，比起上海大发的虾脑面又高明多了。现在既然吃不到大闸蟹，能以长脚虾来代替，可算慰情聊胜于无啦。听说养殖专家们为了推广长脚虾，正研究菜式，准备再开一次品尝会。我想，以虾代蟹的清蒸大虾，以及虾脑煨面，列入菜式，一定能受到老饕们的欢迎呢！

易牙难传的蜂巢虾

　　我的一位法国朋友名摄影家高理德，一位日本朋友狩猎家松崎达二郎，两人足迹遍布世界五大洲，都自命为会吃爱吃的国际美食专家。他们两位异口同声地说："现在跟民国三十四年以前比，花钱受罪还吃不到好东西，近两年台湾各大饭馆子，南北混淆，菜式不分，想吃地道某一省菜，已经不太容易了。"

　　他们两位话虽不错，但是会吃的人，照样能吃到各省的纯粹口味，而且物美价廉，可惜您只能小吃，如果您想碗盏簋簋罗列满前，恐怕花了大把钱还吃不到好东西呢！大陆口味的餐点，我们暂且不谈，现在我把近两年吃过且认为还不错的台湾小吃写几样出来，或者还可能给各位做一个吃的向导吧！

屏东东港有一家兴亚饭店，因为港口没有大型轮舶进出，海水污染程度不深，每天渔获所得随捞随吃，自然新鲜肥美。兴亚有一道蜂巢虾，似乎别家海鲜店还不会做呢！据兴亚的头厨说："蜂巢虾是跟澎湖一位大师傅学的，虾要新鲜，抽肠剥壳要干净利落，用料方面不能太咸，要带有一丝丝甜意，滚油旺火，拿来下酒，比盐酥虾高明多啦。"蜂巢虾一上桌，黄裳裹玉，菱葧蓬松，宜粥宜酒，两位国际友人吃了之后赞不绝口。此后他们每到东港必定到兴亚饱啖一次蜂巢虾。我在屏东曾经请林边的海鲜店试做，色、香、味、形都赶不上兴亚这道招牌菜。割烹之妙，易牙难传，这句话是一点儿都不假的。

下酒隽品乌鱼子

在来台湾之前，只听说台湾的冬季，当寒流来袭时，台湾海峡就有大量乌鱼出现，一网鱼罟，可以立成巨富，但是没有提到乌鱼子。

光复后来台，有一天跟舍亲张文田、游弥坚在台北市西门闹区饭后闲遛，经过伍中行，游先生指着玻璃柜里用绳子穿着的一对五寸多长棕褐色、半透明的东西说："这是台湾名产乌鱼子，不过这是去年陈货，色重鲜褪，等今年冬季新乌鱼子上市，用烤乌鱼子来下酒，你们就知道它的清逸浥润，是下酒的妙品啦。"

当时因为对乌鱼子没有什么印象，也就忽略过去。有一天，说是西伯利亚寒流来袭，虽然台湾的三九天怎么说也够不上"冷"字，可是一般日式房子，到处都透风，寒意袭人也不十分好受。于是临时约了两位朋友到上林花去吃暖锅，赶赶寒气。上林花有一酒女，酒量如海，一打啤酒下肚，依旧谈笑如常。特级清酒或是福建的四半酒（彼时公卖局尚未产制绍兴、花雕、茅台、五加皮一些高级酒类），喝个两三瓶面不改色，根本不算一回事。于是一些酒客奉上尊号，叫她"航空母舰"。她虽不是云鬓峨峨柔情绰态一类酒女，可是应付一般千杯不醉的酒客，能毫不怯场，从容进退，应付裕如，所以当时"航空母舰"在酒国里也算响当当的人物。

我们因为不时到上林花饮酒，所以"航空母舰"看到我们，虽不当番，总要过来打个招呼。点菜时节恰好她前来周旋，她说乌鱼子刚刚上市，建议我们叫个烤乌鱼子来尝尝。

侍者端上来一圆瓷盘，一盘烤得金光灿灿的乌鱼子，切成薄片排得整整齐齐，配上蒜粒，真是琅玕莹琇，清鲜味永，芳而不濡，引卮品尝，无怪日本人把烤乌鱼子视同盛食珍异了。

屏东县前县长张山钟说："屏东是农业县，人民生活并不富庶，从屏东潮州东港到恒春一带，到了鱼汛，沿海渔民倒可以舒舒服服过个肥年。因为乌鱼是一种恶寒喜暖的鱼类，虽然老家是朝鲜海峡舟山群岛以北一带海域，可是每年交冬，西伯利亚巨大寒流汹涌南逼，它们受不住酷寒侵袭，于是就成群结队，游向台省中南部海面。每年鱼汛，相差不超过十天，适时而来，极少延误，所以叫它'信鱼'。台省渔民对于乌鱼汛期特别重视，只要一现鱼踪，他们凭多年经验能测知乌鱼何时到达近海，立刻集合船队出海围捕。台湾民间相信乌鱼是财神鱼，鱼汛如果丰收，有的人立刻变成巨富。因为怕渎犯财神，台湾祭祖先、谢神祇，一律不用乌鱼。南部渔村中父老相传，海里管领鱼类的尊神，就是农历十月初十寿诞，民间焚香膜拜的水仙尊王，背后也有人称他为万鱼王。因为每年岁时伏腊，人人都得购办年货，添置衣物，在在需钱。水仙尊王于是在过年前，把大批乌鱼赶来，让渔民尽量捉捕，大家好过个肥年。渔民也为了仰答天庥，选择水仙尊王诞辰那天举行大祭，酬神谢蜡。"

他老先生说得其来有自，而高屏沿海一带村镇，真有十月初十在水仙尊王庙前唱歌仔戏谢神祇的。总而言之，有些民间传说，原来是有其事实根据的，不过年深日久，漫无可考，加上以讹传讹，就变成无稽的神话了。

依据营养学家分析，乌鱼子含有大量蛋白质和少许脂肪。制作时用砂盐渍后晒干，渍的时间长短，晒的光热够不够都有讲究；乌鱼子晒到某种相当程度，要用大石板把乌鱼子压得平扁坚硬，这最后压乌鱼子的技术，对于乌鱼子的外观、滋味、耐久，都有莫大影响，那就要看老师傅的手艺高低啦。

吃烤乌鱼子也需要相当技巧的，切乌鱼子厚薄是很重要的条件。太薄嚼起来不够味儿，太厚外面焦枯里面还没烤透，粘牙滞腻，濡而不爽，吃起来就减色了。人家烤乌鱼子技术高明的，先用清洁棉花沾清酒或绍兴一类醇和淡酒，把乌鱼子拂拭干净，忌用高粱大曲一类烈性浓厚醇酒，恐怕强烈酒味渗透，削减了鱼子的鲜味。切片之后，用炭火烘烤；有人用电炉烤，似乎也不对劲。佐以淡酒，随烤随吃，才能体会出乌鱼子芬郁清馨的妙处。

日本人一直就把台湾乌鱼子视同远方珍异，如果送他们乌鱼子，那算是顶名贵的海产了。近两年泰国等东南亚一带国家，也都认为乌鱼子是远方玉食，是最受欢迎的特产。现在时交立冬，转瞬小雪、大雪，乌鱼汛不久即将来临，希望沿海渔户随时提高警觉，千万不要错过一年一度发财的好机会。

度小月担仔面

抗战时期，凡是在四川住过的人都知道红油抄手、担担面。初到台湾，夜阑人静想吃点夜宵儿，就有吆喝卖担仔面的了。台湾的担仔面大街上吃食摊到处有售，但如果讲情调、品滋味，那要算台南的度小月独占胜场了。

开在台南中正路上的度小月，是数代相传的老字号。大家都奇怪，卖担仔面为什么起一个令人猜不透古古怪怪的名称呢？敢情"度小月"三个字是其来有自的。据说在前清，从台南一直到高雄屏东，居民以出海捕鱼为生的居多，遇到台风季节，或大或小的台风接踵而来，不管台风登陆不登陆，海上的风浪淘淘滂湃。早年舻艋舳舻全凭人力操纵，风涛险恶，谁也不敢冒险出海，只好把船开进港湾避风。有时台风接二连三地袭来，经月不能出海，只好暂时摆个面摊，卖担仔面以为生计。出海捕鱼是正当行业，如果渔获量多，可以赚大钱，说不定一夜之间变成巨富，算是大月；至于卖担仔面是临时性质，勉维温饱，算是小月，所以面摊子就给它取名"度小月"。

度小月的担仔面所以驰名中外，主要是它肉臊子合于大众口味，担仔面里放少许肉臊子就能味鲜香永（去年在旧金山、洛杉矶各大超级市场都有度小月的肉臊子出售，美国人买回去夹面包，华侨买回去下面）。据说他家肉臊子有一种秘方，必须是用砂鼓子银炭文火慢慢炖出来的，里边除了放有不知名的海味外，煮肉臊子的汤是鱼骨虾壳熬出来的。肉臊子做好，先要装坛固封，放在阴凉处所一段时间才能开坛食用。所以度小月的肉臊子浆凝琼液、香雾袭人，而且入口即溶。凡是到台南总要去度小月，领略一下当地小吃风味。笔者于役嘉南的时节，数度在度小月碰见当时任县长的林金生先生。他轻车简从，坐在矮凳上，就着面挑子，大啖特啖，一吃就是十碗八碗，虽然碗小如盅，却也可观。现在许久没去台南，看到圆叠形的低灯笼就想起度小月的特别标志了。

新竹贡丸

前年春天我到泰国的曼谷去游览，当地粤籍股商周飞来先生在水门区曼谷巴沙商场经营明园酒家，把香港大酒店的大嘴陈伟请来主厨，知道我对广东菜多少有点研究，所以一再请我去试菜。他做了豆豉蒸石斑、铁板牛排、金华玉树鸡，最后一道是竹荪贡丸汤。大嘴陈伟特别介绍了他亲自动手做的竹荪贡丸汤。

他说："虽然竹荪出在四川，可是竹荪入菜以北平山东馆用得最多。贡丸是台湾新竹的特产，鲁公北平人，又来自台湾，所以特意做这道汤菜请品尝。"自从在曼谷吃过贡丸，回到台湾，有事去新竹公干，跟人一打听，敢情新竹卖贡丸的都在城隍庙一带，一共有十多家，彼此争夸自己是老牌真正贡丸。这跟北平王麻子卖的刀剪一样，年深日久所做贡丸大致相同，也分不出谁是最原始那家了。

有一位老公公说："新竹贡丸纯粹是精肉制成的，因为竞争激烈，谁也不敢偷工减料。传说当年嘉庆皇帝游台湾，在新竹吃过这种美味，后来成了台湾的贡品，所以叫它'贡丸'。"

这种齐东野语，是真是假咱不去研究，不过天气渐凉，无论吃涮锅子或是打边炉，放几粒贡丸同煮，爽脆适口，那倒是一点也不假的。

四臣汤

台湾无论城市乡镇，凡是庙会夜市吃食摊汇集的地方，都有四臣汤卖，不过民间以讹传讹，把四臣误为四神，集非成是，大家也就不去理会了。中药中所谓"四臣"是淮山、芡实、莲子、茯苓，用猪肚、小肠文火来炖，常吃确实有健脾养胃的功效。

嘉义早先中央市场有一家中药铺益元堂，门前设摊专卖四臣汤，因为老板开中药铺，四臣汤是遵古炮制。现在仍叫本名四臣汤的，恐怕只有益元堂一家啦。根据嘉义报业先进林抱说："益元堂老板原本是船员出身，因为整年在海上作业，餐风露雨，饮食不调，得了脾虚胃弱的病，终日饮食不进，病况垂危。有人传他一个偏方，每天早晚饭后喝一碗四臣汤，而且要连渣子一并吃下，过了一个多月，居然胃口大开，渐渐恢复健壮。他知道过分劳苦的人得这种病的比比皆是，于是从此发心，济世救人，开益元堂中药铺，门前摆了一个专卖四臣汤的摊子，货真价实不说，服务还特别周到，以示仰答天庥。"

笔者离开嘉义十多年，不管在什么地方听到卖四神汤的，就不期而然想到益元堂的老板了。据嘉义友人跟我说，凡是好心人必有好报。益元堂老板的大儿子在巴西打鱼发财，于是把老太爷接到圣保罗享福去了，他把益元堂的铺底、生财、药材，以极低廉价格盘给别人。朋友们都说他太傻啦！他说我是去养老，又不是去做生意，多带钱出国没有必要。他到巴西还没一个月，中央市场一把火把市场整个烧光。大家都说益元堂老板躲过这场灾难，就是好心的回馈。

现在到嘉义想吃四臣汤已成陈迹，听说有个益元堂伙计，在龙山寺对面设了一个摊子，写着卖的是四臣汤。不过我来台北之后，杂碎纷呈，还没机会去访问一番呢！

棺材板

　　在台湾谈小吃，台南小吃算是最负盛名的了。一般人喜欢把电影里拍摄的"撒卡利巴"作为当地夜市小吃的代表，据老一辈的台南人回忆："撒卡利巴的兴起是随着花街柳巷而来的。在四五十年前，台南市最热闹地方就是现在西门圆环一带，那儿有金碧辉煌的戏院、花光酒气的酒家。附近永乐路普济殿一带便是台南最热闹的花街，华灯初上的时候，看相的、算命的、卖野药的、变戏法的、卖各式各样的小吃的，三教九流、形形色色的人全都拥到小公园，安桩立柜，摆地摆摊，吆喝叫卖起来。这里一天比一天热闹，渐渐成了夜市中心，不但把台湾小吃集其大成，甚至其中有几种小吃是别处做不出来的，就是东施学样，也没法跟人家比。因为他们烹调手段的高明，加上南来北往过客相互传说，撒卡利巴几乎变成了台南小吃的代名词。"

笔者一到台南就去夜市巡礼，果然人烟稠密，名不虚传。小吃中有一种叫"棺材板"的，这个名词听来觉得十分刺耳，什么名字不好起为什么起这么一个不祥的名字呢？为好奇心驱使，所以要开开洋荤。所谓"棺材板"，敢情就是把条面包掏空，里面塞上各种制馅儿，当然有鱼有肉，或荤或素，把馅子填好，放入滚油里炸透，再盖上一块炸面包，形状有点像棺材，所以叫它棺材板。夜市有四十家卖棺材板的，至于口味如何，那就要看谁家手艺高明了。

有一位亚洲航空公司陈姓的朋友，告诉我一段有关棺材板的逸事。他们亚航有位美籍工程师史密斯是夜市小吃摊的常客。他发现有一个卖棺材板的摊子，当炉的少女长得秀丽爽朗，她做的棺材板是咖喱牛肉馅，炸得酥而不腻，颇合那位洋朋友的胃口，于是天天成了座上客，也问出了小姑娘叫蔡阿绸。洋朋友有一年吃了一百七十多次的记录。追了一年多，有情人终成眷属。

　　外路客到台南，爱吃的朋友都尝尝棺材板，家数虽多，烹调技术可大有差别呢！听说前几天台南市一把大火，撒卡利巴也遭波及，要想恢复旧有的小吃盛况，恐怕一时还没那么容易呢！

碰舍龟

　　谈了几周小吃都是咸的，今天就谈谈一种甜点吧。这种甜点叫"碰舍龟"，最早是新营一家蒸食店发明的。据说这家蒸食店老板姓邱，在一家日本点心店当过学徒，学会了做羊羹的手艺。他觉得照这样寄人篱下难有出头之日，而且给日本人做日式点心，心里觉得别别扭扭的。他是台南人，满师后辞工回到台南，开了一家点心店。他把日式羊羹中国化，用甘纳豆做馅捏成边鼓鼓的米龟，可是不染洋红，完全本色，以示与祭神红龟有别。

　　据说那个叫碰舍的姓詹，先世从福建移

民来台，在台南买了大片土地开垦养鱼，因为他劳心劳力，渐渐成了台南巨富，在总赶街盖了一所回环九阘的宅院。谁知传到宝贝后人詹碰舍手里，他不但好赌成性，而且染上了抽鸦片烟的嗜好。没有几年，巨万的家财，都被他败光。幸亏他在家道中落前喜欢吃甜食，时常把邱老板叫回家来，给他蒸米龟吃。现在他穷无所依，只好卷起袖子做米龟来卖。他知道抽鸦片烟的人都是夜游神，越到深夜越有精神，而且喜欢吃甜的茶食，所以每天敲过二更，他才挑着担子下街叫卖。谁知生意越做越兴旺，每天蒸个三五笼都不够卖的，于是租了一家铺面房，整天蒸米龟来卖。过了不几年，他不但把败光的家产又重新买了回来，而且到现在，爱吃甜食的人，仍然认为台南的碰舍龟是无上的珍品呢！

米糕、卤蛋、虱目鱼皮汤

台南民族路华灯初上，整条大街上鳞次栉比地摆满了各式各样的吃食摊子，食客摩肩擦背，比撒卡利巴夜市还要热闹。可是如果白天想吃点小吃，家家锅清灶冷，什么吃食也没有。老于此道的吃客，从民族路拐进米街，另外有一个白昼饮食中心"石舂臼"。为什么要起这个奇怪的名称，笔者曾经请教过几位老台南，大概年深日久，谁也说不出所以然来。据我猜想，这个怪名称当初必有所本。这里卖吃食，以白昼为主，灯火一明，有生意也让给别人去做啦。已故台北市市长游弥坚最爱小吃，他说"石舂臼"有一家卖米糕的，用的肉臊子是台湾所谓狗母锅（砂锅），另有干贝海虾在内，所以味道特别鲜美。老板姓文，大家叫他"米糕文"，因为他个子很矮，又叫"矮仔文"。他也卖五香卤蛋，蛋在卤锅里翻滚，蛋白越煮越嫩越有味，跟市面一般卖的滋味完全不同，拿来跟米糕一块儿吃，味道更是沉郁香腴。紧挨着米糕文的摊子，有个卖虱目鱼皮汤的，做法是把虱目鱼皮剥下来，抹上特制的虱目鱼浆，放在排骨汤里煮熟，跟米糕、卤蛋一块儿吃，游氏认为是天下绝味。当年他跟几位同学在复旦大学读书，远离乡土，难免想家，大家谈起台南米糕、卤蛋配虱目鱼皮汤的滋味，有位同学居然想得哭起来了，可想而知这三种小吃是多么诱人啦。

吉仔肉粽

北平人重土难迁，真有一辈子没出过城圈的人。谈到饮食，有一种定而不可移的标准，就拿粽子来说吧，永远是白江米蘸白糖或糖稀，要不就是江米小枣。如果您剥一只火腿粽子尝尝，他认为粽子只能吃甜的，吃咸粽子简直不可思议。

粽子原本是古人祭屈原用的，最早的粽子用竹筒装米，后来改用芦苇包成六角形，所以叫"角黍"。

到了唐宋，踵事增华，有了菱粽、锤粽、锥粽、百索粽、益智粽、九子粽等。现在，这些粽子的裹法，大部分已失传，只有三角形、包袱形、驼形，三数种而已。

　　舍间虽然久居北平，可是吃起粽子却是北平式、广东式、湖州式甜咸皆备，式样齐全。初到台湾，有些朋友知我口味很杂，不是仅吃江米小枣粽子的，所以介绍我尝一尝台南吉仔肉粽，还特地从台南带到台北来。

　　吉仔的肉粽，近乎广东肇庆的裹蒸粽，好在不惜工本，花样繁多，百味杂陈，材料扎实，宁可提高售价，但是货色不肯抽条。它还有一个特点，煮好之后，焗得透而不糜，只只入味，冷吃热吃均可。跟我们在大陆吃惯的湖州粽子，讲究松而且烂，正好相反。不过湖州粽子要煮热了吃，是跟吉仔肉粽最大不同之点。

　　早年吉仔一只肉粽，就要卖四十元了，现在台北九如蔡万兴的肉粽都要卖到二三十元一只。吉仔肉粽大而充实，现在卖什么价钱已不清楚，不过这是台湾小吃中的隽品，就是再贵，买一只来尝尝，跟广东、湖州粽子来比较，也还是值得的。

美浓猪脚味醇质烂

　　台湾习俗除灾求福，祈报平安，甚至喜诞寿庆都少不了用猪脚来祈福，所以对于猪脚烹醢之道，是精益求精的。高雄的美浓镇是民情淳朴客家人聚居的大本营，当地农家十之八九都以种植烟叶作为副业，自春徂夏，收购烟叶期间，我差不多天天都到美浓镇各买烟场看看，午餐就在镇上小饭馆随便果腹。

　　靠近买烟场有一家小饭铺，有人告诉我说，他家用从中正湖打上来的鲜鱼做的米素汤很有名，少不得前往光顾一番。谁知当炉白发苍苍的老板娘正是早间到买烟场缴纳烟叶的一位农户，跑堂的后生，人家叫他乃滋蜜（日语"老鼠"的意思），因为小时候，用提盒往外送菜，时常偷嘴，所以大家都叫他乃滋蜜。我一入座，他就过来殷勤招呼，他说："我家鲜鱼米素汤出名，红焖猪脚更是又香又烂。"米素汤的鱼现网现宰自然鱼鲜汤浓，一红碗猪脚端上来红炖炖、油汪汪、香喷喷全是脚爪尖，妙在味醇质烂，腴滑不腻。吃猪最怕细毛扦不干净。早年我吃德国饭店盐水猪脚，能够放心大嚼，就是因为收拾得干净，才无冗毛。想不到在穷乡僻壤，居然有皮光肉滑的猪脚，而且是红焖的，比德国佬所做的盐水猪脚又适口充肠多了。

一九七二年"财政厅"有一位李视察，自称在大陆时是有名的猪脚大王，我特地请他到美浓吃猪脚，他一口气吃下十二大块猪脚，乃滋蜜说："以往来吃猪脚的最高纪录是十块，这位先生可算最高纪录了。"他吃完猪脚还外加一碗鱼汤两碗饭，后来他回到中兴新村跟人表示，到美浓吃猪脚是人生一大乐事，令他毕生难忘。可见美浓猪脚的诱惑力是多么大了。

我已十年未去美浓，乃滋蜜想来早已儿女成行，这家小饭店想必日升月恒扩充为大饭店了。有人说，在南部不是万峦猪脚最有名吗？我说，美浓猪脚妙在皮光肉烂，万峦猪脚好在香不腻人。象有千昧，味各不同，不能相提并论的。

万峦猪脚

　　我在二十多年前第一次去屏东，车过屏东大桥，在桥头上发现有一个猪只检查站。据说当时屏东县政府对于猪只品种、检疫都非常重视，而且管制严格。当时屏东县县长是林石城先生，他对于猪只育种繁殖特别有兴趣，还特地陪我们到猪只繁殖场去参观。我想高屏地区美浓、万峦猪脚能够驰名全省，和这些都有微妙关系的。

　　前几天曾经在报上谈过美浓猪脚，有人问我，你觉得万峦猪脚滋味如何呢？其实雁齿麋舌，一脆一烂，风味各有不同，难分轩轻。我在屏东时常往乡下跑，所以与万峦卖猪脚的老板林海鸿也渐渐熟识。他在日据时代就在万峦市场边摆了个面摊卖蚵仔米线，台湾光复，儿女日渐长大，虽然终日孜孜，也只能勉维温饱，思来想去终非长久之计，但也想不出什么其他生财之道。

有一天有位顾客来吃面，看他长吁短叹，问起缘由，颇为同情他的遭遇，就跟他说："高屏地区猪只品种不错，肥少瘦多，我给你一个去油秘方，卤出来的猪脚，入口香脆而不油腻，你如法炮制，必定能够大发利市。不过有个原则，你必须用猪的前腿。"林海鸿正无计可施，于是听了那位顾客的话，面摊子附带卖起红烧猪脚来。他的猪脚不但割烹方法与众不同，就是蘸猪脚吃的蒜蓉酱油，众香发越，更是开胃爽口。

他的名气越来越大，吃猪脚的人越来越多，一天总要卖几十只猪脚。不久因为生意太好，实在忙不过来，于是不卖面线，专卖红烧猪脚。后来各地到高屏游览的观光客，都到万峦尝尝美味猪脚，每逢春秋佳日，车水马龙，拥挤不堪。外来观光客，大家都讲究气派的，坐在摊子旁边啃猪脚实在不太雅观，于是他在万峦市场旁边开了一家海鸿饭店，生意越加兴隆，可惜因高血压症，林海鸿不幸去世。子承父业，就由长子展芳、女儿六金继续经营。他们生意越做越大，所雇专门清洗除毛的女工就有十多位，生意好的时候，一天能卖一千斤出头，分别早（九点）中（十二点）晚（六点）出锅，热鬻腾芳，闻香入座的大有人在。

林展芳说："我家所制猪脚，始终维持原则，一直采用猪的前肢，肉价好的时候，因为需要数量太大，必须向其他县市肉贩子收购，才能应付无缺。台湾做生意有一窝蜂习惯，有人看我家生意太多了，就在万峦又出现两家新开的万峦猪脚抢生意。好在我们在万峦是三十多年的老店，外来客有向导指引，当地老顾客谁新谁旧，分辨得很清楚，对生意毫无影响。后来我们在屏东富山戏院旁开了一家分店，想不到在青岛街又出现一家万峦猪脚店，屏东吃客自然真假莫辨，于我们生意不无影响。后来涉讼经年，法院认为万峦是地名，猪脚是普通名词，我们这块招牌又没有申请专利，谁要叫'万峦猪脚'就由他叫吧！"

现在林氏家族又在台北开了一家分店，是真是假，老吃客一蘸他家作料，就能分出来了。

曲尘萦绕山河肉

岁次阏逢困敦，又是甲子年首鼠当令了。依据有关方面统计，一对老鼠，累代繁殖，一年后可繁殖到九千四百三十四只，现在台北市的老鼠近千万只，大家若不通力合作，密集扑杀，则损害农作物，消耗粮食，污染衣物，影响大家卫生，简直太可怕了。

据说明代中叶，广州市上有一个怪乞丐，不但能吃玻璃五金，而且能生吞五毒蛇鼠一类小动物。有一天从外国商船上跑下来几只小白鼠，他吃了两只，觉得远方珍味远胜鱼髓蟹脂，于是选了一对喂养起来。广州酒家最喜欢炫奇创新，于是酒宴上就有蜜鼠入馔了。

笔者最初只听说广州上等酒筵有蜜鼠飨客之说，但始终未亲眼目睹。有一年先母舅知好，董声甫仲鼎昆季，在上海北四川路开了一家秀色酒家，不但钉盘楪盒绚艳悦目，就是桌椅屏风也是螺钿酸枝、堆金砌玉的富丽。董氏昆仲知道我们甥舅对于饮馔都稍有研究，在开张之前特地准备了一桌盛筵，先试试厨中手艺。这一席石髓玉乳，珌果璇蔬，真称得上有美皆备了。菜单上有一道蜜渍乳实，我早就听说广东四大酒家的大三元，有道名菜叫"蜜汁老鼠"，想不到他们所谓"乳实"就是此物。等这道菜上来，原来是一只金缕雕花的腰圆盘子，上头还有一只凿花飞檐的银罩，掀开盒盖正中，是玫瑰紫跟乳黄酱色调味料挤出来的两朵玫瑰花，围着一圈头里尾外还没长毛的玫瑰色小乳鼠。主人拎起鼠尾让客，我一看这种场面，浑身起鸡皮疙瘩，连看都不愿看，赶紧起身避席而出，等这道菜搬走，我才回席。事后家母舅说，他老人家在广州或港九住了多年，吃过若干次珍异远味，这种吃老鼠的场合还是第一遭呢！那一盘蜜鼠约有二十只，同席的人，也只有三四位敢吃。同席有位海南人席仲峰独啖四五只，还吃得津津有味，我总算大开眼界啦！

我来台湾，在高屏地区一住就是二十多年，工作范围在高雄县旗山、美浓、广兴、六龟一带，县里的穷乡僻壤，差不多没有我没去过的地方。有一次，我陪中兴新村的朋友到高雄、屏东两县考察烟农种烟叶摘心的情形，我们在龙山、广兴、福安几个大烟区看了一遭，就在旗山三桃山一个茶馆品茗休息。朋友忽然问我，想买几斤老鼠肉做的香肠回去。这一下可真把我考住了。我在高屏地区乡间来来去去，虽然不时听到旗山、美浓有卖老鼠肉的，可是没亲眼见过，同时有鉴于在秀色酒家目睹吃蜜老鼠的惨剧，一直蕴藏于心，没有跟人打听过，对于中兴新村来的海南朋友，只好交个白卷。

后来我到高树乡公干，当时乡长是高树巨绅杨让麟先生，碰巧那天是冬至，杨乡长说："台湾立冬、冬至，照习俗都要进补，不过立冬气候初透嫩凉，火底子人进补嫌太热，一交冬至，就不论火底子、寒底子都应当进点补品了。我知道您饮食非常讲究，今天我们到美浓去吃一回山河肉进补如何？"他说的山河肉，我以为是果子狸（俗称白鼻心）或是羌子、山猪一类山产，也没再问。车子开到黄蝶翠谷停下，附近有好几家山产店，出出进进的客人倒也不少，其中双溪路有一朱家老店，灶上掌勺的朱荣贵是他们高树老乡，手艺不错，所以就在他家进餐。

杨乡长先要了一盘仔姜炒山河肉，加上豆豉、蒜头、辣椒、九层塔大火爆炒下酒。

这个炒山河肉，吃到嘴里，肉嫩且活，比山珍里的竹鸡、野兔还柔嫩腴美，顷刻而尽。于是再来一盘加沙茶清炒，我们二人都能饮上两杯，和以椒芷，沃以陈醪，又是吃得盘底见青天。我问杨乡长吃了半天，非鸡非兔，究竟是什么兽肉如此鲜嫩。他始终笑而不答，等到酒足饭饱，老朱过来寒暄敬烟，他直言无隐地说："山河肉就是老鼠肉，叫起来比较雅驯一点。台湾老鼠品类复杂，有十七八种之多，除了'鬼鼠''铁爪野鼠'有股气味不能吃外，其他鼠类均能入馔。何种老鼠他们一望即知，第一盘是用黄蝶翠谷山鼠炒的，第二盘是六龟乡山坡地甘蔗田的山鼠。前者吃地瓜番薯长大，后者是吃青皮甘蔗养肥。会吃的朋友都指明要吃六龟的山鼠呢！"

我知道刚才所吃的是老鼠肉后，心里似乎有点儿翻翻的，幸亏我带得有白豆蔻，赶忙嚼了两粒，才把恶心止住，恢复正常。

朱荣贵是杨乡长总角之交，人又风趣健谈，于是请教他，怎么会想到捉山鼠入馔的。据他说，客家人士吃山鼠的历史，由来久矣。

远在康熙中叶，客家人渡海来台，比较好的靠海平原，土壤肥沃地带，早让漳泉来人捷足先得。客家籍人士为了维持生计，只好人弃我取，在贫瘠土壤，或是山坡丘陵地带开荒种植。一些冈陵地带山峭坡斜，风狂雨骤，水土无法保持，没法种水稻，只好种些粗放的番薯山芋来果腹。偏偏这些都是鼠类最美的粮食，丘陵的土窟山岬都是鼠类的巢穴，家门口有了可口的食粮，自然扶老携幼出来大打牙祭，连啃带作践，结果只只老鼠吃得又肥又胖。可是农民胼手胝足辛苦种的粮食，几乎被老鼠啃得精光。

粤东原有小寒大寒消灭鼠患过年的习俗，大家在切齿痛恨之余，于是大举清田，打算犁庭扫穴，把鼠类彻底清除。粤东有些乡区本有吃鼠习惯，这些田鼠又都只只肥壮，于是以田鼠入馔成为冬季肉类主要来源，吃不了的鼠肉拿来灌制香肠，风味尤佳。

原本是冬季清田，捕杀山鼠滋养进补是

有季节性的，后来有些老饕们远自台中、台南专程枉驾一尝异味，那就不论节令四季常新了。

不但中国人吃鼠肉，就是外国也有吃鼠肉的。旅居在马耳他的一位赵荫偶学友，他的父亲在瓦莱塔经营珠宝生意，因为他本人学农，就在瓦莱塔市郊经营一个农场，种的一些杂粮豆类，都是老鼠口中美食，附近又没有足供鼠类果腹的吃食，他每年辛勤收获，半数都饱了鼠吻。他一气之下大举捕杀，鼠尸遍野。他雇有一土著长工，偶然把老鼠用火烤来下酒，肉香四溢。他觉得鼠肉可以利用，于是用鼠肉灌制腊肠，居然大受欢迎，从此做起鼠肉大香肠生意来。他做的肠子，每段八寸长，圆径二寸半，跟德国熏肠大小仿佛，因为晒得干，可以经久不坏。现在当地肉类是禁止出口的，将来开禁，爱吃山河肉的朋友，可以比较一下是国产好还是外国货棒呢！

陌巷出好酒，小馆有珍馐

当年在大陆，除非喜庆做寿，论气派摆排场，才在大饭庄大饭馆请客外，真正会吃的朋友，平日三五人小酌，讲究下小馆，尤以平津为甚，所以北平的一条龙、耳朵眼、穆家寨、都一处、祯元馆、天成居、馅饼周、恩承居一类的小饭馆都特别走红。

台湾光复之初，几乎没有大陆口味的饭馆，像蓬莱阁、新中华、小春园、新蓬莱，虽然丹楹碧牖，铺锦列绣，翠袖殷勤，等于伎乐所萃，尽管水陆杂陈，可是庶羞咸酸，难致其美。稍后老正兴、状元楼、三合楼、琼华楼、渝园、银翼等大陆口味的饭馆陆续在台北营业，大家才能哜嗻恣飨，尝到家乡口味。近几年来因为经济繁荣，人民生活水准日渐提高，一些新开的酒楼饭店，华屋高阁竞趋崇郭，家家布置得富丽堂皇，古雅高华，绮筵香醑，一席之费能尽中等家庭整月之粮，登盘荐餐，望之皆属妙馔，一经品尝，时或失饪，倒不见得每样都是上食珍味。良以餐馆越来越多，主厨掌勺，就是那几位割烹大师，一时变不出若干高手易牙，于是手艺稍微高点的大师傅变成天之骄子，你以高薪挖走，我以更高待遇抢回，以至蜀中无大将，小三子小六子都成了现代易牙，月薪高到十万八万还挑剔拿乔呢！我辈馋人，这种豪华大饭馆吃不起，只好像在大陆一样，专找货真价实、食之有味的小馆稍快朵颐了。

最近发现宝宫戏院巷子内有一家小饭馆，还算干净，有几个菜名为粤菜，不失其正，价钱也还公道。盐焗虾本来是枫林小馆名菜，他家虾子选得甚精，虾壳薄，肉新鲜，炸好上桌，壳酥肉嫩，至少可与枫林媲美。灶上大师傅腕力强，勺上火功到家，所以脆皮肥肠、脆皮豆腐独占胜场，肥肠炸得酥而且脆，毫无脏气，比北方馆的锅烧肥肠要高明多了。脆皮豆腐是广东东江菜馆一道尾食菜，当年广州西关"文园"吃烤乳猪把它列为敬菜，豆腐切成大骰子块，炸得黄如玛瑙，在盘子里叠成宝塔形，四围调味料白糖、赤糖、椒盐、海鲜酱各放在四个小碟子里，嗜咸爱甜，各取所需。这个菜他们做得大致不差，只是没有"文园"摆得款式漂亮罢了！台北几家东江派粤菜馆似乎还没有这菜，在小饮开樽曲尘萦绕之余吃吃这类小馆，似乎比吃那一席万金的盛馔珍馐身心口体方面都舒服多啦！陋巷出好酒，小馆有珍馐，凡我老饕，想有同感。

脆皮豆腐

　　中国人懂得拿黄豆水浸磨浆，滤去渣滓，用盐卤点成豆腐来吃，据说是汉代淮南王刘安发明的。豆腐的主要营养成分为蛋白质、脂肪、糖分等，跟牛奶的价值成分相差无几，可是价钱方面，可便宜多啦。豆腐宜荤宜素，能够做出近百样的菜式出来。早年我在浙江嘉兴烟雨楼，吃过一餐由当地水月庵静心师太做的一桌豆腐席，实在令人叹为观止。荤的做法有上海老伴斋的鸡刨豆腐、老正兴的火腿烧老豆腐，广州东南园的鸡蓉酿豆腐，南京夫子庙六华春的红白豆腐羹，汉口小圃的蹄髈炖冻豆腐，北平灶温的虾子锅塌豆腐，都是以豆腐入馔的杰作。台北虽然各省的饭馆子都有，以上各样菜式，菜牌子上也都照列不误，可是做出菜来的味道，能够似是而非，已经算不错了，有的名存实亡，完全离谱儿，弄得人啼笑皆非。最近在精华小馆跟几位朋友小酌，这家菜馆口味，介乎广州客家之间。我们让堂倌记几个小菜，先喝酒及吃饭。其中有个菜叫脆皮豆腐，豆腐切成大骰子块儿，炸得遍体金黄，配上其白胜雪的细绵白糖，蘸着豆腐吃，豆腐炸得不老不嫩，吃到嘴里别有一番风味。因为豆腐菜式虽多，可是都是咸的，在恣飨之后，能有一点甜食去油腻，已经很好，何况用豆腐做甜食比较别致，自然风味照座，广受欢迎了。我想脆皮豆腐如果易绵白糖而为桂花卤子，夏天用来配啤酒，冬天用来配绍兴酒，则色香味三者兼而有之，可能比用绵白糖蘸来吃，更受老饕们的欢迎呢！

蜚声国际的蝴蝶鱼、美味的新疆手抓饭

陈之迈先生，在拙作《中国吃》里，发现他的先世兰甫公曾受聘在广州将军衙门壶园，给先伯祖文贞公讲授经史诗文，梁节厂、文芸阁、于式枚都是当时从游之士。有一年他从罗马回国述职，折柬相邀，注明宾主尽欢，不约他客。倾谈之余，他固健啖，我亦馋人，酒酣耳热，侍者端一盘色香味皆佳的蝴蝶鱼来，他说这是谢次彭（寿康）先生宴客的一道名菜蝴蝶鱼，问我知不知道它的出处，我当时一愣，知道他是在考我，只好把我所知蝴蝶鱼出处说出来。那是江西赣州一道名菜，谢先生世居岭南，何以庖人会做出一道江西菜来？江西的炒豆豉鸡丁、百浇鱼、三杯鸡、粉蒸肉固然都是下饭的美肴，可是在全国各地想找一家纯粹江西口味为号召的饭馆，还不太容易。赣州菜在江西省来说，比南昌九江都来得考究，因为在海禁解除之前，由中原到广州这一条国际贸易路线，赣州是辐辏必经的主要中途站，所以一切饭馔，要比省内别的县份来得精致细腻。蝴蝶鱼是赣州华萼巷刘良佐小厨房一道私房菜，谢先生原籍赣州，他的庖人自然会做这道名菜蝴蝶鱼了。这一席话陈先生知道我可算是一个标准馋人，他请一位名金石家黄松茂刻了一方"馋人"的印章送给我。想不到过了不到一年，传来噩耗，他龙光遽奄，驾返道山。睹物思人，印在人亡，辄增黄垆之痛。本来我送人的拙作，都盖上"馋人"那方印章，自他故后，我已把这方印章珍藏，不再随便盖用了。

故友戴少仑（原名戴佛）胖得像一尊弥

勒佛，拳头握起来胖得像一个大肉包子。当年我们在汉口共事的时候，别人写稿用的是十行稿纸，他因为手指粗肥，笔势转折不灵，写出字来大如核桃，所以他用六行稿纸，其胖可知。他不但健谈，而且好啖，一直向往新疆的手抓饭，总想尝尝是什么滋味。

尧乐博士来台之后，有一年，有人送了他一包阿克苏大米，这种米的米粒，煮出饭来比台湾的蓬莱米大两三倍，晶莹灿烂，粒粒珍珠，新疆人夸称是全国第一特大号的清水米，拿来做手抓饭，堪称最高级的享受了。手抓饭用的作料很简单，胡萝卜、洋葱、羊肉（切丁）、白胡椒、红辣椒，台湾样样都有，只是胡萝卜、洋葱要用胡麻油煸锅，然后羊肉丁加盐水、胡椒、辣椒，放在饭锅里一块烂熟了，才是正统的手抓饭。可是当年初到台湾，胡麻油不知什么地方去买，后来他有一位随从副官，不知道从什么地方弄来了两瓶胡麻油，尧乐博士一高兴，请几位懂得吃手抓饭的朋友，在植物园荷花池旁的花架子下，吃一餐地道的新疆手抓饭。我接到请帖，就代约了少仑兄这位不速之客，好在吃手抓饭，不备匙箸碗碟，大家净过手后，不拘席次，径自围锅而坐，少仑兄久慕紫塞名餐，虽然成为不速之客，因为他出语隽永，立刻成为大家所极欢迎的宾客。净过手，大家用熟练的手法把羊肉丁和滚烫的米饭捏成团子，然后往嘴里送，个个都吃得津津有味。少仑当然入座随俗，照样办理，两手肥笨，吃得满嘴满身都是米粒肉屑。事后我问他滋味如何，他说手抓饭虽然腴香味美，可是左手心被烫得红肿了好几天，可以说有苦有乐。后来他跟几位新疆朋友处得很好，大家都叫他"胖手老戴"，这个绰号就是从吃手抓饭得来的雅号。

蟹粉汤包

北方人吃包子，讲究天津狗不理的包子，馅大皮薄油足，等吃过上海五芳斋的小汤包、南翔馒首、淮城汤包，才觉得狗不理的包子不过尔尔。

北平的玉华台在锡拉胡同开张，故友画家陈半丁、名医江逢春，都是说吴侬软语、久住北平的苏州人。他们说："玉华台做的淮城汤包，比在淮城本地吃的还要技高一筹。"我们一到玉华台，招呼客人的是"崔六儿"，他跟赵有福是北平勤行两只鼎。半丁兄跟他说明不喝酒，是专程来吃汤包。他家笼屉特别大，一笼矮趴趴的只有六只。笼屉一端上来，每人先奉上一块热毛巾，擦完手用两只手抓到碟子里稍凉，放在匙羹里，先把包子皮咬破先吸后吃，才能整个包子入肚。如果不会吃，只能吃了皮，可能包子汤呛了鼻子烫了舌头。一笼吃完又上一笼，时间拿捏得正好，这就要看白案子的功夫、堂倌的眼力了。这种汤包香美如油，湛露琼庖。据说玉华台后来不是熟人，专吃汤包他还不应，酒席上的咸点才给您来上一笼，可以说是汤包中绝味。

　　来到台湾，几个好吃的朋友凑到一起，谈到玉华台的汤包莫不馋涎欲滴。想不到无意中在屏东夜市吃到了慰情聊胜于无的汤包。还来台北之后，无意中发现信义路永康街口有一家专卖点心的鼎泰堂，他家的蟹粉汤包，馅子里确实含有蟹肉，鹅黄溶浆，汤腴味正，跟那些在包子缩口上掺一点咖喱，愣充蟹黄者完全两样。老板杨秉彝说：物价涨，他卖的点心当然也跟着涨，绝不在调和上打主意，所以他的蟹粉汤包永远保持一定的水准。老板是山西人，最初开油坊附带卖高醋。吃汤包最好是蘸姜丝高醋，他家拿出来的就是黄色米醋。台北市饺子馆包子铺，多如过江之鲫，不知道是哪位师傅传授，十之八九都是用化学白醋加凉水，肠胃弱的朋友，吃了这种酸醋，焉能不肚泻胃不舒服。虽然对他们言之谆谆，可是听者藐藐，也只好由他们去吧！

铜锅蛋

中国菜肴割烹，最注重"火功"。所谓火功，也有极大的差异，有的需要慢，火力要低到若续若断之间，煮上十几小时固然好，煮上一天两夜更能入味。有的菜吃快火，像清炒虾仁有七勺子半的讲究，真是分秒必争，不但下锅快，翻炒快，起锅快，甚至连上菜都要快。

现在台湾最常见的就是炒鳝糊，菜端上来滚油往上一浇，"刺啦"一声青烟直冒，全仗堂倌眼明腿快，否则端上来油往上一浇，闷声不响，岂不大煞风景。河南饭馆有一个菜叫"铜锅蛋"，鸡蛋五六枚破壳放在大碗里，用竹筷子同一方向急打一两百下，打得蛋液发酵，在碗里蛋液泡沫如同云雾一般涨了起来，然后将铜锅在灶火上烧红，放入炼好的猪油、虾子、酱油，先爆葱、姜，爆香拣出，蛋液倒入油中翻滚，然后将铜锅用火钳子夹住离火，工夫久暂那就要看大师傅手艺了。此刻蛋在锅里，已经涨到顶盖，堂倌快跑送到桌上，不但锅里蛋吱吱作响，而且涨起老高，不仅好看，且腴香噀人。

铜锅蛋原本是用紫铜锅，它传热快，不知道为什么改成铁锅了，黝黑焦底，滋味虽然没有什么不同，可是观瞻上就差得太多啦！

袁抱存寒云生前不但会吃，而且肯下功夫研究。他说他有一个铜锅蛋简易做法，而且吃了不闹火气。他住在上海梅伯格路时期，时常约我跟他靠烟盘子聊天。我对鸦片是从不沾唇的，可是他在烟盘子里放了两盏太古烟灯，一盏他抽烟，另一盏架着一个小铁架子，他三筒烟抽完，我这边铜锅也发出香味，敢情我这边灯上焖的是小型铜锅蛋。掀开锅盖，也是顶锅香。他用上好"雪舫蒋腿"，肥三瘦七剁成碎末，加入蛋内，自然比河南的铜锅蛋又味高一筹了。

舍下现在仍旧不时吃焖蛋，不过不用铜锅铁锅，而用带盖瓷盅来蒸，味道是一样的鲜美，只是吃完之后洗瓷盅比较麻烦而已。

接待孟赫总统的"国宴"

　　日前哥斯大黎加总统孟赫访问，我们设"国宴"款待的菜式，除了素馅蒸饺、四喜烧卖是两样细点，枣泥菊花、莲子樱桃、什锦水果三道甜食外，正菜是鸡汁官燕、豆豉龙虾、干烧鲍鱼、八宝乳鸽、烟熏鲳鱼四菜一汤，倒也瓠脯调畅，芳酣滑美。

　　不过，薛光前博士当年在纽约蓬莱阁欢宴顾维钧、张公权时曾经说过："宴请洋人，上桌食品，取用时最好不要再加'处理'。因为中国菜用筷子，吃食有骨头鱼肉容易出壳脱骨，不费吹灰之力，易如反掌。在外国人就感觉困难万分，至于乳鸽虽然隽燕肥美，可是鸽子是象征和平之鸟，似乎不应当加以杀害一饱口福的，所以请美国人吃饭，应当避免用鸽子，如果一时不察用了鸽子，只好诡称是鹌鹑，他才肯大嚼。"我不知道哥斯大黎加的人是否也把鸽子认为是和平象征？如是，就太尴尬了。

　　我早几年就曾经谈过，我们"观光局"不必研究什么满汉大餐以广招徕，最要紧是由"内政部"订制两套国宴，一套是招待回教人士的，一套是招待一般外宾的，则珍馐丰余，咀华含英，不知大家以为如何？

海外求学

从一个小埠看美国

笔者自从摆脱公务羁绊，已经三度去曼谷观光，而小儿光焘旅美二十多年，虽然屡屡函邀，可是惮于长途飞行，始终趑趄却步。一九八一年暑假，小儿摒绝夏令一切学术讨论研究会议，特地匀出四五十天时间，准备陪我们二老在附近各处走走，团聚些时。既非纯粹游山玩水，于是跟老伴毅然搭乘中华航空公司飞机首途直航旧金山。

经过十一小时航程，于一九八一年六月二十八日安然降落在旧金山机场。尚未走出检查室，已经隔着玻璃窗看见小儿夫妇来机场迎接，这比台北中正机场便利旅客跟接客者多了。一出机场就赶上旧金山同性恋者庆祝第十二届"同性恋自由日"大游行。大队人马，从旧金山码头到市政府广场之间，整队游行。警方为了维持秩序，实施了交通管制，摩托警车，掺杂着骑马步行的男女警察沿街照料戒备，还有十多辆绚艳悦目的花车，车上有鼓号乐队。花车之前，除了由一百多位同性恋妙龄女郎骑着摩托车开道外，游行队伍里的对对恋人中，有须发如戟其势虎虎的壮汉，有柔情绰态、艳若桃蓓的少女，有浓妆艳抹搔首弄姿的徐娘，更有弯腰驼背头童齿豁的老不修，一路行来，不但嗷噪谐笑，旁若无人，一对一对勾肩搂腰，还不时向路旁群众表演一下亲腻热吻。据说游行队伍中各色同性恋人都有，甚至还有大学团体及已婚同性恋父母带着子女，高举纸牌旗帜，喊着口号随众游行。有几位国会议员、赞成同性恋的当地市议员也被邀请参加游行行列壮大声势。

我想性生活方式，异性相吸也好，同性相恋也罢，各投所好，尽管成双成对去享受，又何必在大庭广众面前火辣辣表演呢？

金门大桥

小儿住在距旧金山三百英里外的Eureka。从旧金山登车，首先映入眼帘的是举世闻名的金门大桥，桥长四千二百英尺，是一九三六年修建完成的。在纽约维拉采诺桥兴建之前，它始终保有世界第一长桥的荣誉。桥上两端各有一座高大长方形梁柱，两柱之间，吊着两根极粗的钢缆，垂直衔接着。从高处眺望，大海沧波，黄云落日，雄奇壮丽，蔚为奇观。旧金山市政府，为了维护保养这一巨大建筑，雇有劳工二十五名，担任油漆工作。常年由东到西，从南及北，不停地油漆。因为海风强劲，海水盐分又重，油漆一旦剥落，海水很快就会把钢铁梁柱给腐蚀朽烂，所以金门大桥每周要用两吨油漆来维护。现在桥龄已接近五十年，据桥梁工程专家说，桥面已有多处发现裂痕，如不及时加强保固，桥的使用寿命大为可虑。所以金门大桥仍归联邦政府管理，抑或移交给加利福尼亚州州政府自行负责，尚在争论之中。专家们的结论：无论如何金门大桥明年非彻底大修不可。于是自七月一日起每辆汽车的通行费由一元增为一元二角五分。不料加价之后，每天上下班时间人车拥塞，简直寸步难行，一般过桥市民纷纷归咎于找零钱麻烦（美国有二角五分硬币）。市政府起先不承认是找零钱耽误了时间，有一位杠头的新闻记者在报上一再建议不妨恢复原价，试办一星期，且看如何。哪知市政府刚试办一天，桥上交通立刻恢复正常，而政府也能从善如流，立刻把过桥费恢复为一元了。

Eureka 的衣着

美国人的衣着，向来比欧洲亚洲人来得轻松随便，除了在华府、纽约几个大都市的街头看见白领阶层的绅士们，西装革履衣冠楚楚穿得整齐外，其他各州一般城市衣着随便之极。

就拿 Eureka 来说吧，走在街上很难看见一位着西装、打领带、御黑色尖头皮鞋，绅士打扮的人物。偶或发现一位，不是新到的外国留学生，就是别国来的官吏或观光客；至于美国人，无论男女老少，衣着都是各自从心所欲。一袭恤衫，一条牛仔裤到处可去，就是大学教授上堂授课，也跟学生一样，牛仔裤照穿不误。皮鞋店货架陈列各式便鞋，不是透孔鞋，就是厚胶底或高勒儿靴子。至于黑亮的绅士尖头皮鞋，大小鞋店里并不多见，就是有也甚寥寥，而且售价奇昂，式样单纯。

国人出国之前，很喜欢做两套漂亮西装到美国亮亮相，结果反而变成"英雄"无用武之地，让人觉得我们在衣着方面过分古板拘谨。笔者一向怕穿西装打领带，到了美国，左顾右盼，都是同道，好不自在。

Eureka 的水果西点冷饮

加州是美国各种水果的主要产区，笔者去的时候，正是樱桃红了的时期。中国华北一带，虽然也产樱桃，但颗粒小，糖分低，颜色淡红，北方人管它叫山豆子。南京玄武湖的樱桃，在中国算是久负盛名了，可是跟加州的来比，仍逊一筹。加州樱桃大如杜梨，殷红泛紫，溅齿流甘，可算水果中的隽品。加州李子实大紫黑，虽然琼浆湛露，但是靠近外皮部分仍然微嫌苦涩。食品营养专家章乐绮女士说，加州李子一百克仅含维他命C五毫克，维他命A两百五十国际单位，所含维他命C不及木瓜的十分之一，维他命A不及木瓜的六分之一。近来台北市面有不少这种李子出现，既然营养成分不高，我们又何必花费宝贵的外汇来买这种水果吃呢！有一种跟哈密瓜大小相等的水果，英文叫 honey dew，中文叫"蜜瓜"。皮白肉绿，碧玉溶浆，其甘如饴，据说是美国水果中甜度最高者。吃完蜜瓜，上下嘴唇能黏得张不开。酪梨也是加州主妇们最欢迎的佐餐美馔。加州酪梨跟台湾高屏地区的品种不同，形状各异。加州所产的黑而多皱，表皮凹凸不平，跟鳄鱼皮极为近似，所以又叫鳄梨，营养成分如何就不得而知了。加州还有一种叫 nectarine 的水果，是桃杏混合体，似桃若杏，酸甜可口。Bing cherry 甜而多水，国内也没见过。谈到美国的西点，不但过分甜腻，而且花式也没有英法等国做的多彩多姿。不过超级市场有一种新鲜蛋糕的半成品，配好作料，只要把鸡蛋打匀，混合一起，放入烤箱，过三十分钟就能吃，简单方便，兼而有之。此外，美国面包种类繁多，应有尽有，可以说集世界各国面包种类之大成。有种发好面剂儿放在真空纸筒密闭、用于自烤的面包，烤好之后，跟中国的发面馒头类似，比起中国人自己发面蒸馒头要省事多了。有些爱吃冰激凌的朋友跟我说，美国是冰激凌王国，五花八门，又便宜又好吃，一吃之下，果然是玄霜绛雪、珍错含香。他们有一种高级冰激凌，是核桃去皮加糖压碎调制而成，芳而不濡，入口冰融，跟北京的核桃糖葫芦有异曲同工之妙。美国有一个叫 A&W 的连锁餐饮公司，设在大小乡镇公路加油站旁，驾车的旅客可以不必下车，停车处有直通餐馆电话，可以打电话叫餐点冷饮来吃，将餐盘架在车窗上进餐，不但简便而且经济省时。这种餐厅都是圆形建筑，室内每一桌上有电话一部，在室内进餐，也是用电话叫餐饮，柜台接听人在电话里告诉你桌号，餐饮备妥即以电话通知，自己到柜台拿取，可以省去若干人力。他们有一种饮料叫 root beer，名为啤酒，实际是一种味清而永的汽水加上特制冰激凌，质美量丰，价更廉宜。名为啤酒实为饮料，这如果在别的国家，虽非真正啤酒，但是要跟啤酒音字相同，恐怕要受到有关方面的干涉。其实泾渭分流各不相扰，啤酒是品名，而非商标，所以政府不会加以取缔！谈到美国啤酒，牌子之多真是令人目不暇给，就是经常喝啤酒的人，也没法把啤酒牌名一一说出来。因为美国一向把啤酒视同清凉饮料，所含酒精度特低，国人对于从美国进口的啤酒，无论瓶装罐装都不感兴趣，就是因为酒精度太低淡而无味。美国有一种黑啤酒，酒精度跟台湾省产啤酒所含酒精度相若，苦中有甘，其味芳冽，很合中国人的口味，当时进口的如果是那种黑啤酒，我想会受国人欢迎的。

Eureka 住的问题

    Eureka 市区人口仅有三万人左右，可是各种商店娱乐场所应有尽有，超级市场百货公司有十数家之多。市区房屋多系二层洋楼，或各式平房，家家房栊窈窕，无一雷同，门前苗圃碧草异卉呈芳，各极其致。至于三层以上房屋，则极为罕见。有之那就更是廊腰缦回，文采灿明，定属大型公司行号了。因为地近红木区，有些崇丽别墅、离宫巨厦，全都以用红木建造来夸耀。市区 M 街有一座一八八五年建造的 Carson Mansion 巨构，两厦重梦，桁梧复叠，珠帘玉户，天窗疏绮。美国有若干书籍杂志，都来摄取巨厦照片，作为图书封面。它现在是某一团体的俱乐部，如果加入为会员，照样可以进内游乐燕宴的。小儿住所在市区边缘，接近林区叫 Sun Dial Court，房栊圆绕，一律木造平房。当地市公所对于建筑规约甚严，每户建地不得少于一市亩，每户限住一家，不准两家合住。马路之东即属红木区，每户必须占地两市亩，禁止建筑二层以上高阁广楼，以免破坏林区景观。区内住家门前都是芳草成茵、繁花如绣，偶或点缀一些松楸怪石，看了令人心旷神怡。行人道上红砖砌地，栏楯环互，整个社区连一家杂货店都没有，就是街头巷角也看不见一个设摊小贩。七月四号是美国国庆，Eureka 市区最热闹的一条街道，经向市公所申请许可，摊贩可以领到一张许可证，准许设摊营业一天，清洁自理。第二天街道上摊贩打扫得整洁如常，不像台湾每天清晨出动若干警力维持摊贩集散地的秩序，一两小时后，警力一撤，立刻阻街塞道连行人都没法通过，遑论车辆了。这些都是我们愧不如人的地方。

Eureka 的交通

Eureka 虽然是一个小城市，可是自

用小轿车数量相当多。一家有个三四辆各型大小汽车的，极为普遍。各国移民来美的，对于节约能源，似乎比较重视，全都换了省油的日制车辆。而一般土生土长的美国人喜欢驾驶大型豪华轿车不算，旅行车更是有美皆备，无丽不臻，很少考虑到耗油量多寡的问题。美国汽油价钱便宜，固然是原因之一，再则人民生活富裕，所以也就不斤斤计较用油的多寡，这实在不是什么好现象。年轻人健行旅游，骑自行车摩托车的也不少，但是在市区用来代步的，则极为少见。美国家庭对于子女，虽然极为放纵，可是市面上很少看到不装消音器横冲直闯招摇过市的恶少。计程车在Eureka可以说是凤毛麟角，没有在街市上绕来转去，沿街兜揽生意的。计程车都是在车行等着客人的电话来叫车。因为家家都有自用大小轿车，除非孤苦无依，或年纪衰老，已失驾驶能力，遇有紧急事故才叫计程车搭乘呢！我在该地住了一个多月，每天上街，随时留心，可是只看过一辆公共汽车在马路上行驶，乘客寥寥。反观亚洲各大都市公共汽车拥挤情形，就反映出东西人民生活情形的一斑，尤其在美国小城市，公共汽车已变成可有可无的交通工具了。

美国的国庆

每年七月四日是美国的国庆。平日美国各地行人道，要随时保持畅通，不准任便设摊营业。唯独国庆那天，事先得到市公所核准，只要保持清洁，特准营业一整天。小儿早就跟我说好，午饭吃完去到街上巡礼一番。大概有三条街是摊贩集中营业场所，男女青年扶肩搭背，不是拿着罐装啤酒，就是拿着热狗或意大利脆饼边走边吃，路边还有一些卖花炮的摊子。每个人都显得自在悠闲。几条街的圆环都被卖艺、唱歌、变魔术的占据，表演到一个阶段打一回钱，跟北平天桥卖艺的"打转儿"完全一样。卖吃食的摊子虽然不少，可是除了三明治、热狗、脆饼、冰激凌，别无什么新花样。无怪有些美国人到了台北夜市圆环，不论看见什么吃食摊都要坐下来尝尝呢。卖水彩、蜡染、油画的街头艺术家也不少，有些作品的确不错，构图、取景、调色、线条讲究，真有意境高超、风神逸宕的作品，可惜旅途携带不便，否则选几幅带回来，请台湾的画家评鉴一番，说不定能获得相当高的评价呢。美国平日是不准燃放鞭炮的，只有国庆日解禁一天，虽然鞭炮摊不少，可是不拘早晚、不择地点、乱掷乱放的情形，几乎没有。尽管大家在街道上尽情欢乐，可是第二天清早，一切又恢复正常。街上的瓶瓶罐罐、纸袋果皮花炮碎片，收拾得清洁溜溜。人家这种守法注重公德卫生精神，实在令人钦佩。

商业道德

Eureka 虽然市区不大，可是商业竞争非常炽烈，到了周五，商店的图文并茂的传单，就随报附送到家庭主妇的手上，不但写明原价，而且连打过折扣的价钱也详细注明，跟台湾商家店（书店除外）不爱注明货品价格的习惯完全不同。至于商品原价若干，第一次减价若干，第二次减价若干也都把价码标明。我买了一双减价皮鞋，原价二十三元六角，画有四次减价号码。这双鞋的尺码，大人嫌小，小孩嫌大，所以减至十三元二角，还没人问津。恰好我穿上正合适，所以捡了一个便宜。另外同样货色，同一牌名，价格高低也不一致。据售货员面告，首次进货跟第二次进货厂盘如有涨落，店里仍应各按原价出售，不得将售价任便调整。这种守法不欺精神，是美国商业道德真精神，反顾中国台湾，又有几家商店能够做得到。

美国的邮政

美国邮政的速度和准确程度，跟我们台湾省来比，的确不如远甚。我曾经接到一封从美国寄台湾信件，不知何故错递韩国后又打回美国，再寄到台湾，邮程走了两个多月。地址姓名写得清清楚楚，居然寄到韩国，实在错得离奇。在台湾邮政方面，我们不是正在大力推展国际快递邮件吗？以我在 Eureka 住了一个多月的情形来看，每天上午送信一次（星期例假休息），根本没有快递限时邮件。每天有理无情投递邮件一次，所花快递邮资等于白费，不知我们邮政当局，知道不知道。美国一般住家门口，都装有一只像枕头一样有铁盖儿的长马口铁箱，旁边还有一面能竖立能卧倒的红色铁旗子。如要寄信，可将信件放在信箱里，竖起红旗，邮友看见竖立红旗，就来把信件收去，法良意善，值得效法。是因为附近没设立邮局，才想出这个办法，还是举国皆然，就不得而知了。

医生的问题

美国是一个科技发达国家，照说医疗方面应当是方便、快速、进步三者具备的，实际上恰恰相反。先拿医生分配比例来讲，三藩市各科医生就多得车载斗量，有些医生医务清淡，仅能勉强维持。像 Eureka 这种小地方，你如请一位常年医药顾问，或是家庭医师，多数表示业务太忙，拒绝承诺。最近有些医生已经明白表示，不再接受新病人，就算你已经有了特约医生，请医生看病，往往要排到一两星期以后；小病早就不药而愈，大病往往因为耽误，弄到救治不及冤枉送了性命。其他城市情况如何，虽未尽详知，我想大概也好不到哪儿去。至于更僻远的乡区，简直找不到医生，于是组织越南难民中有医生资格者经过考试，分派各乡镇工作。主持这项医务者，均系资深医生，他们又顾虑，有大量医生涌来，原有医生失业，于是订出若干苛刻限制。至于是医生失业问题严重，还是病人找不到医生严重，他们就不管了。现在住在台湾的人丰衣足食，偏偏要弄张绿卡或移民美国去做美国公民。人各有志，个人处境不同，我们不便妄加月旦，不过年老体弱的人，出去走走舒畅身心、开开眼界那是未可厚非的，至于移民到美国去定居，依我看美国是儿童乐园，青年人战场，绝不是老人颐养天年的洞天福地。不知各位老朋友，以为然否？

人口及退休问题

美国根据一九八〇年人口调查统计，现年六十五岁以上人口占全国人口的百分之十一点三，两千五百四十多万人，而且进入这个年龄范围的人数，正在迅速增加。美国政府现正计划将一般退休年龄，从六十五岁增为六十八岁，同时鼓励六十五岁届龄退休人员仍旧继续工作，维持个人收益。这样一方面缓和了政府支付巨额退休金的负担，同时有些专家认为，六十五岁虽然体能衰退，可是在经验阅历方面，远非躁进青年所能企及。况且近世纪，医药保健方面都有飞跃的进步，六十五岁就勒令退休，在人力资源上，实在有点浪费。如果这个方案可行，成立法案，美国人的工作年龄，又可延长三年了。

Eureka 看电视

在 Eureka 可以收看到的电视台，计有十一家之多。其中 ABC 跟哥伦比亚两家电视台新颖超群，特受欢迎。每天清晨有个节目叫 "The Price is Right"，尤为家庭妇女所必看。节目虽然只有一小时，而现场观众登台猜奖，猜中后所得奖品价值之高，看了真令人咋舌。有人获得名贵汽车一至两部；现金部分，有人赢得十万美金最高额。这一节目的主持人机智雍容，吐词隽拔，几家电视台你争我夺，把他年薪提高到八百万美金，不知台湾电视节目主持人听了作何感想。谈到美国电视，警匪斗智题材，因为花样翻新，是颇能吸引青年观众的，不过一般青少年心性未定，极易冲动，虽然内心毫无不良企图，但为了显示自己才识过人、跅弛不羁，联合同好，跟警方斗智，到银行作案，以使警方为难为笑乐。现在联邦政府，正开始研究如何净化电视节目，免得青少年走上歧途。美国各电视台，因为广告收效良好，所以每秒广告收费高得吓人。美国有一家电视公司别具慧眼，把节目中所有广告一律停止放送，使电视机旁朋友，尽情收看自己爱看的节目，丝毫不受广告干扰。申请装设这么一台附机，手续非常简便，每月另外收费，一般家庭装者甚多。大概不久的将来，台湾也会有这种机构出现呢！

美国的大麻烟

对加州 Humboldt 大学学生们调查统计资料显示，在校学生百分之九十五都有抽大麻烟的经验。其主要原因是：美国对越战争结束，征人回国，他们在越战期间心情苦闷，有若干人因此抽大麻烟成瘾，一时又不能戒绝；无论中外无知儿童，本来对香烟就有偷偷抽两口的兴趣，家中大麻烟吸取极为方便，哪知大麻烟上瘾更快。有些是因为被同学讥笑没种，激将之下而抽上瘾的。所以有些家庭，父子、夫妻、兄弟、姊妹一家人都是大麻烟的瘾君子。在 Eureka 南方约六十里有一个叫 Garberville 的地方，土壤气候都适宜种大麻烟，种出来的大麻烟籽品质优良，当地人觉得有利可图，于是大量种植，后来被警方发现，先是劝导，后来就动手铲除销毁。可是利之所在，那些食髓知味的人，纷纷转移阵地到深山僻壤人迹罕至的地方去偷偷种植。同时抽大麻烟的方法，也日新月异。有的做成水烟袋型加水过滤吸食，目前官方感觉已经到了禁不胜禁、抓不胜抓的程度。最近英国又有一种新毒品问世，据说是止痛药跟治过敏药合成叫"T's and Blues"，价钱仅为海洛因的四分之一。加州有一位名医说："希望政府赶快重视这个问题，如果让这种价廉毒巨的害人东西泛滥起来，一旦发生战争，征集令下，恐怕已经没有可用之兵了。"

青少年长头发问题

加州大学一位心理学教授对青少年发型进行了研究，他说："美国青少年留长头发，发源于同性恋。留短胡、喇叭裤、高跟鞋，不扣衬衫第一、第三个扣子，在他们心理上，无非要跟一般人有所不同，标新立异而已。
我们看一看旧金山六月二十八日同性恋空前
大游行，就可以思过半矣。他们最初想不到
留长发会有那么多人来响应，闹得后来满街
都是发长及肩的，已经谈不上什么有异于众
了。现在嬉皮大本营伯克利后山一带的青少
年，又花样翻新，把发型改变，由毛发髯鬈，
一个个改装成为梳小辫子。他们的目的是
怎样怪异怎样去做，将来改变成为什么形态，
现在尚不得而知，总之是越变越怪就是了！"
另外一位理发店老板说，自从流行长头发，
理发馆变成中老年人的世界，青少年很少到
理发馆去的，就连小学生来理发的也少得多
了。其实小学生们，都不愿意留长头发，可
是他们的年轻父母认为头发长点比小平头好
看，而小朋友们觉得留小平头又干净又利落，
洗头更方便。每每在理发馆里，总会发现母
子争长论短的尴尬场面。一度有两所小学发
现学生头上有头虱，而且传染非常迅速；于

是教育当局宣布小学生一律改推平头，才把小学生们的头虱灭绝。近十年来，无论中外，男女学生发型长短问题，始终困扰着教育界。我想为了饮食卫生，凡是食品餐饮业从业人员，必须严格规定一律短发，以确保国民饮食健康，其他青少年发型长短就任其自然算了。如果有了规定而不去严格执行，或是执法忽严忽弛，反而不如听其自然来得省事。

美国新念秧

美国科学日新月异，不法者坑蒙拐骗的伎俩也日日更新。最近时常有人假借公司行号名义，以电话向住户提出若干粗浅问题让你解答。当然全部答对，赠奖是到一处风景区去游历，几天食宿、来回机票全部由他们供应，唯需以信用卡担保。等你把信用卡号码告诉他之后，他立刻借此号码，到各大商店市场大买特买，都是些价值高昂的物品。等你发觉，他已飞鸿冥冥，不知所终了。美国信用卡十分流行，为了购物方便，人人都有信用卡。自从发现歹徒利用别人信用卡的情形发生后，大家都把自己的信用卡号码特别保密起来了。

美国的理发馆

我虽然年逾七旬，头童齿摇，可是仍然保持每旬整容的习惯。Eureka全市只有三四家理发馆，门前也都装有三色电动转灯，体积小转得慢，并不十分引人注目。营业时间上午十至十二时，下午二至四时，每天仅仅工作四小时，理发每人六元五角。我去的那家理发馆，只有一把理发椅子，等候理发的客人可坐在沙发上。这种沙发倒有四五个，可容纳十位八位，不但有书报杂志可看，还有免费咖啡可喝。理发师金边眼镜，衣着整洁，皮鞋锃亮，虽然非常殷勤，可是神情肃穆，望之俨然。等到我登上座椅，告知用刀来剃的话，他表示久已不用剃刀，恐怕刀钝手抖，力难遂心。于是改用极薄电推子来推，推完之后，用一吹风喇叭，在脖颈子上一吹，就算大功告成。既无清洗设备，理发师不敢用刀，修面刮边当然更谈不上了。旁边有位等候理发的老人，他说："我去过三次台湾，最难忘怀的是台湾的理发，价格低廉，服务亲切，可以说是一种享受。在美国各地，无论大小城市，一般年轻人为了经济省时，都学会夫妻互相理发，到理发馆来理发的都是花甲以上老人。"他说罢此言，我环顾左右顾客，果真不是须发皓然，就是童山濯濯或鲐背发稀的老头儿。据说美国的理发馆全是这样，所以久居美国的朋友们，都会自己理发，很少照顾理发店。

老人福利

美国政府对于老年人的照顾，可以说是

体贴入微。凡是在美有永久居留权的老人们，都可以按月领到福利金。因为州与州的法律不同，而彼此税收的情形互有差异，进而影响到每人应领福利金数额的多寡。据说有的州每人最高的每月可领到七百五十元，最低的则仅有三四百元。有些孤苦无依的老年人真正是赖此维生，可也有些拿着绿卡自命逃秦避世，整天好吃懒做的人，或是腰缠万贯的阔寓公，每月只要领到福利金，就到超级市场大买特买一些不急需之物，或是到鱼货市场买一些昂贵海鲜，如大螃蟹之类，回去大嚼一顿。原本是济助老人的福利金，想不到变成某些人的加菜金了。这种情形，已经引起纳税人跟州政府的不满，有些人正研讨如何防范抵制，让所谓老人福利金如何真正用之于老人福利。将来演变如何，目前尚不得而知呢！这趟加州之旅，约四十天，旨在探视久别的长子，兼避尘嚣，根本没有到美国东部去观光的打算。只是闷来时在加州

Eureka 一两百里附近逛逛，所见不广，所知有限。见闻所及，择其小者，拉杂写点出来，不知对后之来者有点什么帮助没有。

中国文化在美国

小儿在加州 Humboldt State University 任教，所以这次赴美就住在 Eureka 他的寓所。当地属于红木区，云峰嘉木，郁郁森森，极目苍茫，疏林掩映，境绝尘嚣，恍同世外。唯一令人感觉气闷者，即到处看不见一个中国字，有之则"上海""湖南""关氏餐馆"三个饭店的市招而已。小儿告我 Eureka 西南二百多里 Weaverville（柳无忌先生译为"织工市"）公园里有一座云林庙，钟鱼梵贝完全是一座中国味的庙宇，不妨去瞻仰一番。

有一天，在松风簌簌、晓雾飘云的凌晨出发。加州夏天是旱季，平原烟草一片枯黄，越走气温越高，中午到了织工市，已经由冬装脱成夏装了。公园叫 State Historic Park，在公园门首竖立一座红木牌坊，正中有三个大字：云林庙，地上有一块大花岗石，钉着一方铜牌，说明建庙经过："在一八四八年有一批中国淘金客五十四名，另外还有一位妇女来到这里定居时所建，现由公园管理处派人管理、售票，引导游客观览。"

首先进入陈列室，玻璃柜内悬挂着当年华侨披荆斩棘来到加州淘金的日常衣着和各种用具，可以看出他们胼手胝足创业的辛勤。另外一面墙壁上画满中国十二生肖、卜休咎、计岁时，说明了华侨们虽然身在异域，对于祖国的风土习俗依旧是永不忘怀的。一位女导游引领观光客过了一座曲渚红桥后，就看见层甍云构的云林庙了。据导游描述，屋顶覆盖蓝瓦（塑料片制）可使魑魅魍魉不敢侵犯；庙前木制平台，虽然高不过六七寸，可是宽广铺满整个庙门，说是厉鬼都是蹦跳而行，有平台阻隔，就很难逼近庙门。大概是洋人听了中国鬼故事，知道僵尸只能跳跃不能迈步说法而来的。雉门丹槛，肃静、回避牌分列左右，门联为"云龙开泰运，林凤振升平"，用嵌字格，金漆龙纹。另一联"德泽敷天下，忠良护国家"，朱底金字，两联均系同治十三年（1874）甲戌所立，书法虽非龙飞凤舞，倒也笔画端正。大门启处，二门立刻呈现眼前，两门相距不足五尺，玉门琼构异兽雕檐，此门设而不开，据说此门可以辟邪，就是再厉害的恶鬼，看见此门也要仓皇遁走。神龛正中供奉北极振天真武玄天上帝、忠义神武三界伏魔关圣帝君，左龛祗奉注生娘娘，右龛禘祀神农大帝，宝盖珠幢，锦伞崇纛，应有尽有，不过百年旧物，土蚀晕变，越发显得古色古香。导游人一进门先把屋顶一盏佛前琉璃灯开得灯光如豆，继而一边解说，一边把各处明暗灯光一一开启，以示冥蒙神秘。殿的西北角有一小门通到一间简陋僧舍，当年有一苦行僧在此住锡了十多年才涅槃示寂。他的居室墙上挂着他的草笠芒鞋，缁衣缊袍，外间屋墙壁粘满十方善男信女捐献灯油香敬数字，以资征信，门框上写着"锦帆安稳直登彼岸"楷书横条，一笔苏字，可以看出那位苦行心中颇有丘壑，是位不忘故国的有心僧侣，可惜导游说不出他的姓氏，以致湮没无闻了。

逛完云林庙已到午餐时候，对街有一家庭餐馆叫 Brewer's Cafe 是当地一家小有名气的小饭馆，里外两间虽有二三十个座位，我们去时已接近满座，老板娘特别介绍她的蛤蜊浓汤、烤鳟鱼最拿手，当时正是鳟鱼季节，据案品尝，汤鲜鱼嫩，果然是大都市餐馆所难吃到的美味呢！

归程中途，经过 Willow Creek，又叫"柳树溪"，据说自从一八一三年发现巨人足迹后，入山采樵的人时或发现巨人踪迹，有人形容他是平顶突颚、长臂大脚、身高七尺的巨人；有人说他悍目皤腹，身若巨灵，遍身棕毛，奔逸绝尘，是介乎人兽之间的怪物。于是根据大家所见所闻，在路口雕镌了座全身巨人形象，下面石座上把发现巨人的经过，也一一勒石纪念。记得台北的报章杂志曾经刊载过美国加州发现巨人或雪人足迹的新闻，现在总算身历其境看个明白了。当地有一小书店，除可陈列当地风景杂志图片外，有关巨人的书籍有六七种之多，有一本杂志说："前年初冬有人在暮云烟霭怪石流泉中捉鱼，看见庞然巨人，矫若惊龙地追赶一只黄羊羔，相距仅有五六十公尺，是人类目睹巨人最近距离了，可惜当时手边没有摄影机，否则疑真疑假、如梦如幻的巨人的真面貌就可以呈现在大家眼前了。"

巨人雕像身后有一处远树芊芊、重岩秀起的胜境，小儿说："那是印第安人聚族而居的原始部落。"当天因为要赶回 Eureka，来不及去参观，否则对印第安人的生活，又可以增加几分了解了。

　　以上这些风景名胜，僻处加州西北，都是观光客很难涉足的地方，所以把所见所闻写点出来，供大家赴美旅游时参考。此外在 Big Foot 附近，汽车旅馆也好，饮食餐馆也好，门前都挂着巨人脚印木头标志，以广招徕。至于百货公司所卖的烟灰碟、钥匙链、胸针、别针，无不做上大脚印标志而且细腻精致。人家这种无孔不入的推销术，实在值得我们效法。

海外余香

在美国加州 Humboldt 海湾，渔产是很出名的，无论中西各地观光客，只要到Eureka 红木区游览，总要到远近驰名的海鲜店 Lazio's 尝尝随时捞上岸的各种时鲜。如果过门而未大嚼一顿，就如同到北京没吃全聚德挂炉烤鸭、到曼谷没吃珍宾楼明炉乳猪一样，过后老饕们谈到盛食珍味，要后悔一辈子的！

我这馋人好啖是出了名的，既然到Humboldt Bay 游览，哪能不去 Lazio's 一饱馋吻呢！小儿知道我对螃蟹有特嗜，量虽然没有清道人李百蟹之雅，可是每年东篱菊绽，螃蟹膏满鳌肥的时候登盘荐餐，有多少吃多少餐。Lazio's裙屐如云，周末假日等上一个小时才能入座也时或有之，大众慕名而来，都能耐心等待，很少有人转去别家就餐的，足证他家的菜肴如何吸引游客了。

可惜螃蟹此刻尚未上市，现在正是蚝肥蛎壮、鳟鱼干贝大市的时候，于是叫了奶汤鲜蚝、熏鳟鱼、炸干贝。蚝汤用巨型海碗盛来，浆凝玉液，蚝大如拳，肉嫩膏腴，比澳洲生蚝尤为鲜美。熏鳟鱼鳞细肉白，用红木锯末熏炙，比用蔗渣赤糖来熏觉得更为亲切可口。因为当年在北平吃红柜子卖的熏鱼、熏鸡子都是用锯末子熏的，熏出来的吃食，有一种清隽木香。海外就餐，突然有暌违三十年的木香袭来，姑不论鳟鱼滋味如何，就是那股子柔香已经足够让人回味的了。鲜子贝在台湾东港、梧栖等滨海地区也有生产，台湾饭店多半是非炒即烩，他们炸的干贝外焦里嫩，酥松腴美，倒是别有一番风味，拿来下酒，比龙虾片、牛肉干高明多了。

　　来到美国不去迪士尼乐园随喜一番，未免觉得是桩遗憾，所以在八月七号，匀出一整天时间逛了一次迪士尼乐园。园外汽车旅馆、大小饮食店林林总总把迪士尼乐园给包围起来，由于这些店铺彼此互别苗头，只求价廉，质料美不美，服务周到不周到，就谈不上了。我住的 Park Vue Motel 还是前一星期托熟识的一家旅行社打长途电话预定的，在迪士尼乐园附近找旅馆十分困难，这家旅馆浴室里澡盆、脸盆一直漏水，如不一直放水，顷刻漏光，入浴时，也就无法顾到节约资源了。洛杉矶恒温在华氏八十几度，因无茶水咖啡供应，只好拿着小冰筒到楼下售卖冰块机去买些冰块来当饮料。谁知落照尚未沉山，已经无冰块供应。

　　这里食宿均不理想，对于迪士尼乐园的营业，自然有莫大影响。园方本想把这些旅馆饭店用高价买下来，自己以关系企业的精神来改善经营，无奈那些地主老板，愣是看准这块肥肉不肯松嘴，气得迪士尼乐园财团另外在佛罗里达州买了一块数倍于现址的地，盖了一个迪士尼世界，饮食、住宿、游乐全由园方独自经营，让游客有宾至如归之乐，不致事事受制于人啊！

　　在旅馆对门有一家双龙餐厅，金芒照野的霓虹灯有"中华料理"四个大字，耀烂炫目，加上金钉朱户，平台丹阶，颇有点中国大餐馆的气派。一连吃了多日洋餐，换换胃口吃顿中国饭总是好的。门前有一位男领班，倒是说得一口标准国语，自称来自台湾，他也承认名为中华料理，实际是美式中餐。我们既然知道大概情形，犯不上点菜做洋盘，我想每人要一客炒饭，总不会太离谱儿。多日未吃饭，于是我叫了一客虾仁蛋炒饭。饭用高脚充银盘盛着，而且还有一只银盖，盖得是严丝合缝，掀开盖子来看，好像刚打开包的荷叶饭，用酱油焖出来的，倒是毫不油腻。扒拉半天也找不出一点鸡蛋残骸，疏疏朗朗有几粒虾仁，还附带有几根掐菜。炒饭里配掐菜，真是开了洋荤，诚所谓狗安犄角——羊式了。等账单开来一看，我的这份虾仁蛋炒饭六元五角美金，按三十八比一官价折合，这盘炒饭售价二百元台币左右。故友陈国滏知道我曾经有一连吃七十二顿蛋炒饭记录，封我为鸡蛋炒饭大王，可是炒饭加掐菜，一盘炒饭二百多块台币，在我所吃过的蛋炒饭中，算是最高价钱的了。

泰京识小录

一九八一年刚刚过了农历新年，蛰居无聊，又动了游兴，于是搭乘韩航直飞曼谷的班机，做第三度佛国观光。飞机下午一点二十分从中正机场起飞，整整飞了三个小时，就在曼谷的廊曼机场着陆了。中途不经香港，免去了香港上下飞机之烦，航程又缩短两个小时，实在方便了很多。唯一缺点是那班客机上，空中小姐先生们，没有一位听得懂国语，对于英语似乎也不甚灵光。机上旅客有两种应填表格，一种是海关报税用的，一种是入境检查用的，字小格密，项目又细琐繁杂，加上高空气流动荡不定，让旅客在宽不盈尺的活动小餐桌上填表，趴不下伸不直，实在是件苦事。我前几次出国旅游，就曾向所乘飞机的公司建议过，旅客填表格，何不随票附发，再不然规定凡有不谙填表的旅客，随机服务的空中小姐先生们，应当有代客填写的义务，那才是真正便利旅客的一项措施呢！

一九七三年第一次到泰国观光，飞机在廊曼机场一着陆，觉得机场大厦崇台重宇，轩昂宏伟，比台湾松山机场气派多了；事隔三五年，此次抵步只觉得厅事逼仄，人烟稠密，比起台湾中正机场的奂奂新厦，似乎又相形见绌了。

曼谷的市容

曼谷最堂皇伟丽的地区要算腊差威堤皇宫一带了，御河映沼，流水亹亹，飞檐鸱甍，金饰鳞鬣，一直保持一贯的雄伟壮丽。僧王

"颂绿拍亚拉益翁沙谷禾然"驻跸的佛寺翠瓦金铺，丹楹碧牖，黄衣僧侣，说经谈偈，比起皇宫又是一派庄严宝相。市区爱侣湾大旅馆，琼圃丹垣，涂金异兽，那座石龛里供奉贴金古佛，花串香烛堆积如山。从前是夜幕低垂，华灯初上，才有人来烧香许愿，现在香火鼎盛，不分昼夜，一般善信杂沓纷来，甚至有人请了冠兜镂空，黻衣绣裳，艳婉怡人的少女在佛前歌舞翩翩添香还愿，虽然地当要冲，人车塞途，警察视而未见，认为理所当然，从未加以干涉取缔，这大概是佛国特殊情景吧！

泰国原本是大象王国，在原野山林搬运笨重木材器物，都由大象担任，可是在车水马龙的大都市里，这种巨兽是很难得在街头出现的，这次到曼谷住在"是隆路"，这条街是六线通衢大道，公司、银行鳞次栉比，来往的车辆川流不息，想不到居然有人牵着大象姗姗而行。象身上除了披着五色缬花、彩绘复杂的锦衣外，另外还挂着一块白布红字的泰文说明，大意是如欲乘坐，二十分钟索值泰币十二铢。象身上绑有一座木雕鎏金的亭子，坐在亭子里可以纵览市景，光顾的自然全是好奇的观光旅客。看象奴脸上笑容可掬，生意大概还不错呢！

市中心区有座历史悠久的銮披尼公园，虽然没有古榕苍松，幽泉漱石，可是细草平铺，嫩绿如茵，每日晨光熹微，就有练外丹功、打太极拳的男女老少各自练起功来，再加上跳迪斯科、土风舞的红男绿女点缀其间，把公园早晨点染得朝气蓬勃，令人身心俱畅。

市区内还有一座考舞动物园，虎、豹、狮、象、河马、犀牛样样都有。泰国人对于看大象，如同北方人看小毛驴一样，看得太多了，毫不稀奇，所以象房里一大一小两只象，除了招引些国外游客拍照外，泰国人很少到象槛这边看看的。园里搜集猿猴的种类，多达四五十种，有一只老猴，照槛栅所悬木牌说明，计龄已在四十岁以上，独居一栋水榭，向阳扪蚤，老境岑寂，弥觉可怜。

曼谷的庙宇

泰国是佛教国家，据说泰国全国寺院达一万八千多所，僧侣二十余万人，以曼谷来说，大小佛寺，就有一千多所，到泰国观光，逛庙是列为主要观光项目之一的。笔者是第三度来泰观光，所有曼谷和近郊的一些佛寺，大概都随喜过了，最著名的金佛寺、玉佛寺、郑王庙、卧佛寺、大理石佛寺，还有印度佛寺，甚至去过两三次。这次因为有朋友托我买一尊挂在脖子上的镀金佛，所以又去了一趟卧佛寺。寺内到处都在髹漆彩绘，可见泰国政府在观光事业方面，还是肯下本钱的。卧佛寺进山门第一进，路西有一排房子，门上挂着一方木牌，说明内有精通医理、技术高明的按摩师，如要按摩，请即入内。进门有座小柜台是收费处，两旁各有一条长木，枕褥齐全，男左女右，缴费之后，即可接受按摩。我在台北让"马杀鸡"闹的，已经多年不敢松骨按摩，有此机会自然不愿放过，同时可以试试泰国按摩的手法为何。按摩一次收费六十，外国人则要加倍一百二十元，本来观光客都想试一试，可是一听外国人要加价一倍，虽然为数戋戋，大家心里都有点被刨黄瓜儿把外国人当洋盘（杭州人管敲竹杠叫"刨黄瓜儿"）的感觉。到北揽参观鳄鱼潭，对外国人门票也是加倍，这种做法非常招致观光客的反感，不知泰国主办观光事业当局，有没有加以改善的决心。在第二进内厅前方有一株榉木，旁边有一堆石岩耸立，其中有一块石笋秀起，笋身贴满金箔，彩牒绮纨，层扎叠裹，而在石笋前焚香膜拜的青年男女，一个个神情肃穆，状至虔诚。据说这是若干年前，从印度请来的"佛势"，凡是久婚不孕妇女，可以前往求嗣，如想蓝田种玉，必须许愿添香，定获麟儿，所以香火鼎盛。这跟北平东岳庙摸铜骡子同一心理作用，欧美游客好奇，纷纷在此拍照留念。

曼谷凌晨有一街头奇景，就是黄衣僧侣，科头跣足赤着半臂，托钵化斋。有些虔诚的善信，在街口，把新出屉的米饭，刚炒好的蔬菜，用餐具托着，跪在地上等僧侣前来再虔诚奉献。僧侣们一人拿不了太多的饭菜，每人还随带十四五岁小童一名拎着提盒，回到庙里饭菜汇集，大家共享。泰国僧侣都恪守戒律，过午不食，只能喝点牛奶、果汁而已。泰国大街小巷都能看到和尚，可是各大庙宇，香客任便出入，很少看到僧侣，就是在庙里遇到，他们也不招待客人的。曼谷三月，已入盛夏，各地大专院校开始放暑假，一群群男生纷纷把垂肩长发剪掉，剃成青鬖鬖的光头，穿上半臂僧衣，由家人亲友，鼓乐喧天送到寺院里去参禅礼佛，时间最短三星期，最长三个月。等暑假终了，再行蓄发还俗，照常回到学校上课。有一位会说华语、刚剃度的僧人，我问他削发学佛的动机和感想，他说："父母生我育我，皈依佛祖，可以给父母延寿免灾，仰答亲恩。况当炎炎盛暑，庙宇宏敞深邃，可以躲避尘嚣，求个心净，冥息自省，可以悟出若干做人处世之道。少年夏令营是动的训练，当和尚是静的潜修，其中自有玄机妙谛，不是俗家所能体会得到的呢！"他年纪轻轻，出语微妙通玄，而且状极虔诚，看得出是发自内心，这就是泰国佛教赈情育理无上心法吧！

泰国的娱乐

泰国人十之八九都是乐天派，人人怀着今朝有酒今朝醉的想法，只要口袋里有几张钞票，总要想法子花掉，心里才能踏实。每月到了发薪日子，茶楼、酒肆、浴室、歌厅，家家客满，虽然娱乐界老板个个叫苦连天，口口声声说市面萧条，生意难做，可是每晚华灯初上，拍蓬路一带风化区，人影衣香，花光酒气。有些大胆的阻街女郎袒胸露背，缠住路人不放，牛鬼蛇神，花样百出，除了一些流浪客烂水手之外，正经人都避道而行，免得惹上麻烦。

最近曼谷开了一家叫"蒙娜莎莉"超级按摩院，雇用了四百多名身材健美、技术高超的按摩女郎，据说这是泰国政府正式核准的第一百一十八家按摩院，报纸上替它宣传，这是世界上规模最大的按摩院。前几年曼谷开了一家叫"金妮"的豪华浴室，众香国里美女如云，宣称陪浴女郎多达一百二十多位，已经轰动一时，跟现在的"蒙娜莎莉"比起来，似乎微不足道啦！曼谷又有几家专演西片的电影院，声光设备座位都还够水准，专演中国片的"乐声"也还不错，有些二三流的戏院，嘈杂脏乱，空气恶浊，那就无法涉足了。有两家叫"王子""百乐汇"的电影院，是专演成人电影的，报上所登广告，措词黄色低级，已经不堪入目，可是从来也没听说政府主管机关加以干涉过。此外曼谷有几条街，也有像新加坡那种男扮女装的人妖市场，有些观光客基于好奇心理，常常通过旅行社的导游，招他们来侍坐陪酒，泰国人称人妖为"兔崽子"。我在曼谷虽然没有机会一睹芳姿，可是北上到清迈观光，当地是以夜市著名的，在一家饭馆进餐时，却开了一次眼界。大家都称赞清迈出美女，偏偏我们去的那家餐馆的女侍，就没有一个平头整脸的小妞，当我们吃完算账时，当门而立有一位艳光照人、盼倩桀丽的少女，倒是个美人胚子。我们一行有人认出他是男着女装，待仔细审视，既无喉结，而唇颊光洁，不是经人说破，实在看不出他是雄而雌者。他的动作声音，比起当年上海的钟雪琴更自然，更女性化多了。在曼谷街头时常碰到有人长发垂肩，把头发烫成波浪型、爆炸型，敷粉朱唇，婀娜多姿，虽着男装，可是令人疑男疑女，迷离扑朔。据警方调查这类少男，仅仅曼谷一隅，就有一万多人，论身家学识都还是中上之家，无以名之，只好说他们是心理变态吧！

泰国的啤酒

谈到喝啤酒，以我喝啤酒多年的经验来说，比较国产啤酒，上海啤酒不如青岛啤酒，青岛啤酒又不如北平双合盛的五星啤酒，而至于日本人倾全力在台湾推销的太阳、麒麟、富士啤酒，尽管摸彩赠奖，花样百出，由于味淡而涩，不合国人口味，始终没能把中国三个啤酒牌子打倒。后来我喝过德国的黑啤酒，丹麦的桶装酒，前者是啜苦咽甘，香留舌本，后者是湛香浥润，连啜怡然。

我到泰国后，小女知道我对啤酒的品质研究有素，所以把泰国几种有名的啤酒都让我逐细品尝一番。泰国在市面行销的啤酒一共有四种，都是聘请德国酿酒技师指挥监督酿造的。

（一）Amarit（甘露），有生熟两种，其中熟啤酒在欧洲国际竞赛得过金牌奖，极受旅泰外籍士女欢迎，酒精度较低，跟美国罐装啤酒风味接近，是暑天最佳的清凉饮料。因为味道太淡，泰国人嫌它不太够劲儿。

（二）Singha（白狮），褐色玻璃瓶装，泡沫极为充足，不会倒酒的人，永远倒不满一杯酒，就泡沫四溢，而且经久不散，香气蕴存。一般嗜酒者自然都指定要喝白狮牌啤酒。

（三）Kloster（柯士德）"，绿色玻璃瓶，瓶盖加锡纸套，包装类似香槟酒，是泰国啤酒中包装最漂亮的，而它的酒精度，据说高达十度左右，已经介乎清凉饮料与淡酒之间。泰籍人士对于柯士德最为欣赏因而也最畅销。

（四）Dagak（虎牌），曼谷市面已不多见，据说在南部一带销路很好，这种啤酒味清而隽，跟台湾酿造的啤酒酒精度、聚酚物、苦味度成分最为接近，自然风味也相同。我想进口点这个牌子的啤酒，会比美国啤酒受欢迎的。

泰国终年气温在摄氏十度以上，餐馆冰室，都用一种土制电冰箱来冷冻啤酒，在火伞高张，热得喘不过气的气温下，走进餐室叫一瓶啤酒，送到桌上时，啤酒在瓶里呈半凝固状态，要用竹枝在瓶里搅动一下，才能融解。酒一倒出，飞白胜雪，触鼻拂面，酒香诱人，啜上几大口暑焰顿消，味涩微甘，此中况味，非个中人是没法领略得到的。台湾啤酒色香味都属上乘，只是泡沫微嫌不足，而且不能经久，瞬息消散，如果餐馆器皿洗拭不够干净，沾点油腥，那么泡沫消失得就更快。当年上海静安寺路"来喜""大来"两家德国啤酒馆，酒客一进门，先奉上洁白毛巾一方。这两家酒馆都以盐水猪脚、粉红色什锦沙拉驰名沪渎，凡是来此酒客，以上两个菜是必不可少的。啃过猪脚吃过沙拉，嘴角唇边，难免都要沾上点油腥，喈喼啤酒，泡沫容易消失，那块小毛巾就是提醒客人随时擦嘴，使酒香蕴存、酒味常新。喝啤酒最忌斟满，喝几口又续满，最后是苦水一杯，喝啤酒要"倒必喝，喝必尽"，才是喝啤酒的不二法门。

泰国各地餐馆酒店侍应生无论男女，似乎都受过训练，啤酒开瓶，只倒上大半杯，放在客人面前，表示敬意，不再续斟，不像台湾酒楼的女侍应生啤酒一来就是半打，站在客人身后，倒是翠袖殷勤，客人呷不几口立刻加满，最后酒不凉汽不足，真所谓苦酒满杯了。我想台湾各酒店啤酒售价，已经超过公定价格好几倍，难道各饭馆的管理人员就不教教她们如何拿酒斟酒吗？

泰国的小吃

泰国人食量不大，就餐时间早中晚也不十分固定，所以小吃非常流行，街头巷尾随时可以找到形形色色的饭馆、食摊来解决民生问题。纯泰式早餐，大家都爱吃粥。粥分粤式、潮式两种。粤式的粥较稀，以分不出米粒、把粥熬成糊状者为最佳，用料多半是鲈鱼、草鱼，把鱼剔刺切成薄片，拌以生油、豉油，加入葱、姜丝、香菜，撒上少许胡椒粉，把滚烫的粥倒在碗里，稍微搅动两下，鱼即烫熟。广府人有一句口头禅："鱼生粥仅仅熟。"所以要仅仅熟的原因，是鱼肉一烫即熟，鱼肉恰好滑嫩鲜甜，过熟，鱼肉一老变为粗糙，就鲜味全失了。讲究的鱼生粥，还有的加上油炸粿末、酥花生、炸末粉、鲜蟹肉等来增加鲜度。潮式的粥跟粤式又大不相同了。首先把鲈鱼洗净，切成大块，连水带米，放在一块煮，煮到白米开花，汤转浓郁，

1152

鱼头里脑髓全部流出，鱼香湛溢，才拿出来应市。在暖府岩旺汪路，有一家三层楼面，挂着五颜六色霓虹灯的"亚洲鱼粥店"，烹制鱼粥主厨的大师傅叫"乃汶探里律蒙空军"，他们兄弟十一人在泰国各府，一共开了十八家粥店，老店设在吞武里三黎附近，曼谷的鱼粥几乎全是他们兄弟天下了！乃汶探说：熬制鱼粥的秘诀，首先要除去鱼腥，至于怎样除去鱼腥味，属于他家业务上秘密，就不肯公开了。不过鱼新鲜，餐具洗得干净，也是亚洲鱼粥店让顾客放心大啖原因之一呢！

粿条（台湾叫板条）几乎是泰国人主食，街头巷尾到处都可以看到卖粿条的，莘莘学子漂洋过海负笈远游，唯一想念家乡的小吃就是粿条。一九七三年我首次到泰国旅游，在黄桥戏院颂拍巷口看见一家小餐馆，屋里不过六坪大小，仅能容纳十位八位客人，可是屋内放着一条六尺多长的小木船，所有炉釜碗盏、烹调用具都在小船之上，当时以为是餐室的美术设计，没有十分留意。这次乘公车去清迈，经过廊曼机场，距离机场不远，有一座广达数亩的铅铁罩篷，篷内陆地停舟舳舻相连，多达一两百艘，全是卖粿条的。据说一世纪前，卖粿条的，都麕集在闹区湄南河上，划来划去营业，不但污染了河水，而且有碍观瞻，于是把他们赶上岸来，弃河就陆继续营业。久而久之他们不期而聚，在机场附近，成立专卖粿条市集。他们不忘本源，一律仍旧使用小船营业，虽然鳞次栉比，因为烹调手法各有窍门，配料方法更是花样百出，食客们各就所嗜，从来也没有你争我夺情势发生。可惜汽车一闪而过，未能一尝美味。不过在月宫戏院左首有一家专卖鱼丸粿条，哇啦节有一份鸡肉烩粿条，真君爷街南星停车场牛肉卷，都是老饕们认为风味各殊，列为条中上选。到曼谷去观光，这种异国风味，是应该尝试一次的。

曼谷挽叨路有一家贵记餐室，老板黄炳

是子传父业的烹调高手，他家的招牌菜是"干冻任鱿鱼"。冻任鱼本是一道汤菜，他把冻任材料加上鱿鱼，以半煎半煮的方法制成，鱼肉甜美，嚼来滑嫩可口，而且酸甜咸辣齐全，开胃之极，是一味地道的泰国菜。

据精于泰国饮食的潮州朋友说："早年泰国人讲究吃一种甜面，近年因为甜的小吃冷品增多，甜面就渐渐被人遗忘了，现在全曼谷只有两家硕果仅存了。"在西舞台陈焯刚巷有一家卖甜面的，虽然小到连招牌都没有，可是还保有原始风味，吃完之后，也不知他掺了些什么作料，只觉得清香沉郁，有类布丁。问他话，他说不清，我也听不懂，也许有些不传之秘，不愿告诉别人吧！

泰国人请客喜欢用明炉乳猪，在拍昆仑大丸公司二楼，有一家月圆酒楼，他家有一味金陵乳猪，在烧烤中可算上乘。他能把皮肉烧得脱骨，乳猪皮入口酥脆，肉用香胡椒加炒，肉香骨脆，酒饭两宜。

曼谷水门巴沙商场里明园酒家，主厨陈伟又叫陈大嘴，早年在耀华园担任头厨，后来经明园经理周飞来礼聘到明园掌勺，他拿手菜是砂锅红枣煨羊蹄。他们用清莱饲养的大尾巴羊，清莱气候温和，水厚草肥，所以羊肉肥嫩而不膻腥。他用精选红枣、鹿筋、鲍脯一同用文火煨烂，驼蹄鹿尾，肉嫩味厚，入口而化。据说老年人双足无力，吃了可以强筋健步。每年交冬，泰国虽然温暖如春，可是年高血气不足的人，总要到明园，吃几次砂锅炖羊蹄呢！

在曼谷偶然间跟朋友谈起了烧饼油条，凡是在欧美多年的侨胞，回国总要吃几次烧饼油条，其实现在的台北也没有真正像样的烧饼油条了。大家都说永和的烧饼油条好，其实烧饼像鞋底照样起酥，比起当年北平的"马蹄""吊炉""发面小火烧"不但味道不同，样儿也不像了。油条直咕笼统，长而且粗，离开油锅不久，就发怕嚼不动啦，什么小套环、油炸桧、糖皮、锅鼻连样子也没有了。有一位旅泰多年河北香河县的老乡指点，南星街有一份卖烧饼果子的，大致还不离谱。摊子是夫妻档，摊子前头一排小木桌、小条凳，宛如北平的豆汁摊，烧饼是发面小火烧，油条是小套环，一瞧就知道掌柜的不是半路出家。跟他们一接谈，才知道老板姓丁，他说："在北平住兹府，家里开粥铺，打烧饼、炸果子样样都能自己动手，卢沟桥七七事变，被日本人抓夫，才辗转流落到曼谷来，为了维持生计，又归到老本行，卖起烧饼果子来。真还有人捧场，不是中国人就是泰国人，也有不少人时常光顾吃早点的，可惜曼谷马粪难求，不然用马粪熬点粳米粥，那才够味儿呢！三十几年流浪生活，总算老天有眼，居然还能混个差堪温饱。"今夏初侯榕生女士写的《又见北平》，说到北京的烧饼果子也走了样，非复当年了，礼失而求诸野，说不定将来有一天要到曼谷去，学习怎样打烧饼、怎样炸果子呢！

海天楼是曼谷最古老的一家粤式茶楼，我每次到曼谷来，总要去饮茶吃早点，他的小笼点心，虽谈不上精美，可是澄粉调制，确乎比台湾一般广式饮茶的点心高出一筹。无论虾饺、粉果、烧卖、鱼翅饺皮子，松软滑润，绝无粘在笼底露馅走汤的现象，这次在他家点了一味鱼头面，半煨半烩，鳟羹蟹胘，可称妙馔，不过一瓯子三百铢，约合台币六百元，价钱亦颇惊人也。

在曼谷讲究吃潮州菜，很有几家手艺高超的潮州小馆。秋千架有一家荣华，炸肥肠收拾得毫无脏气，炸得迸焦酥脆，蘸了酸而且辣的调味料来下酒，更是绝妙。当年北平东兴楼有一道名菜叫"烩三丁"，是火腿、海参、肚块，他家有一道菜叫"炒五丁"，多了两丁是螺蛳肉、口蘑丁。口蘑已多年未尝，吃到口里清腴爽口，还有一种亲切感。"砂锅蟹钳"是荣华的招牌菜，他先把肥硕鲜腴特号的大蟹螯外壳敲碎，然后用纱布裹好放在砂锅里红烧，锅底铺上一块脂油上盖粉丝，脂油是防干锅底，粉丝是吸取蟹肉芳鲜，这道菜在台北宁浙饭馆最少要开上千儿八百元的价码，而荣华只卖六十铢，合台币不过一百一二十元。由此看来，泰国在饮食方面的物价，比台湾可便宜多了。总之，真正泰国菜酸辣皆备，潮州菜讲究原味，醇腴甘鲜，如果嗜食海鲜酸辣的人，到泰国旅游，在饮食口味方面，大概都能适应，比到欧美旅游在吃喝上，要舒服多了。

皇家田

距离皇宫御苑不远，有一处广场叫"皇家田"，早年每届春耕时期，泰皇必定亲临劝农教耕，遇有国殇大祭，也在这里举行预演参拜。因为占地辽阔，晴川媚野，平日是青年骑士练车、孩子们放风筝踢藤球的最佳场所，可是每逢周末假日，四乡八镇商贩云集，搭起布篷，把皇家田四周围成里外两圈，凡是一般市民日常吃的、用的，杂沓纷呈，靡不悉备。东西虽然比市面上略为便宜，可是任何东西都要讨价还价，不是本地人，如果还价不当，比商店价格还要高出许多。所以每届市集，观光客虽然人人都要来巡礼，可是没有识途老马代作舌人还价，十之八九是要做洋盘。这块市中心黄金地段，泰国政府现在计划，已有用途，打算在曼廊市场附近，给他们兴建一所新型市场，让那些每周一集的摊贩，悉数迁往营业。不过距离市区相当遥远，双方正在磋商条件，看来皇家田的搬迁势在必行，只是时间问题而已。皇家田唯一特色，是摊贩所卖的吃食，都是纯泰国传统风味，是别处市场看不见买不到的，例如卖蜂蜜的带卖整只蜂窝，据说吃了蜂窝里幼蛹，可以养阴润肺，明目降火。笔者看到一位买蜂窝的朋友，他拿起巨大蜂窝捏捏摇摇，就可以估出其中幼虫的成熟度跟数量多寡，真令人不可思议。看情形蜂窝的买卖还真不错，短短时间里蜂蜜还没卖出几瓶，蜂窝已经有四五笔生意成交了。另外有一种褐中泛绿，养在大塑料盆里的爬虫，形状有如大蟑螂，在盆里蠕蠕而动。我先以为是广东朋友爱吃的龙虱，泰国朋友说："这是泰国特产一种水介类，生在河里的有毒，栖息海边的无毒，用姜、葱、大蒜、辣椒、豆豉炒来下酒，不但是隽物，而且是补品，凡是筋骨无力、风湿痛，常常吃它，可以渐渐痊愈。老挝有位声望卓著的高僧，被人掳去，囚禁在卑湿的香蕉园里，受了半年多颠厄，两腿麻痹风瘫，就是卧佛寺汉医研究所一位僧人指点他吃这种虫子治好的。"可惜它只有泰国学名，音节多而且长，过后没把它记住。

曼谷的交通

前几年，我到泰国去观光，曼谷市区自用小轿车显然比台北要多得多。市区幅员广亲，八点钟到公司的人，六点半就要赶忙出门了。在泰国交通方面有一项特别规定，郊区重载的十轮卡车，白天不准开进市区行驶，要在晚间十一点以后才能放行的。一般在市区行驶的卡车，因为泰国柚木坚实耐用，所以卡车车身都是柚木打造，辆辆漆得锃光瓦亮，车头镶嵌着镀电彩色铝片，镂金抹红，彩色柔丽。可惜每辆车后排气管都伸出老远，急驰时黑烟滚滚，停车等绿灯通行时热气灼人，如果用空气清洁测量来测定，其空气污染程度比台北恐怕还要严重得多呢！

曼谷街头的出租车，数量虽也不少，可是车里都没有冷气设备，油污处处，车垫上沾满油渍，最大缺点是车里装有码表而不计程，要先讲好价钱才能上车。驾驶人既不谙英语，连潮州话也"莫宰羊"，您要是不会泰语，那只好望车兴叹了。泰国政府天天嚷提倡观光事业，可是从来没有训练那班人学点外语，您说怪不怪？现在市区有轨电车虽然

1162

取消，可是市区短程交通，仍有赖于机器三轮车，一车可容三人，也要讲价登车，车后消音器狂鸣乱吼，坐上半小时，无不头晕眼花，总要过上三五分钟，听觉才能恢复。市区的公车路线，倒是密如蛛网，无远弗届，上下班时间，在摄氏三十几度高温，大家像沙丁鱼似的挤在车厢里，其滋味如何可想而知。台北公车司机是不关上车门不开车的，曼谷的公车，根本就很少有车门的，大家攀辕附舆，让人看了触目惊心。他们习以为常，似乎毫无所谓呢！公车票价，每段一元，今年三月初，每段票价一度调整为两元，乘客哗然，舆论指摘，交通当局鉴于群情鼎沸，到了三月底又把票价降为每段一元五角，一场风波，才告平息。

曼谷的水果

泰国近两年来，在农作物方面，有突飞

猛进的表现。拿稻米来说，从前的暹罗米，虽然也驰名东南亚，可是吃惯了江南籼米的人，总觉得暹罗米吃到嘴里缺少油性。这次在泰国吃到一种香米，米粒整洁细长，芳而不濡，黏度介乎蓬莱米、再来米之间，颇受各阶层人士们欢迎。这次到卧佛寺随喜，看见寺里有一个水果摊上的香蕉，每根只有小指大小，其色金黄，显然不是畸形香蕉，而且是树熟。剥开来吃，肉细而甜，味清而隽，可称是香蕉中细色异品。问了摊贩，才知这种"迷你香蕉"是南邦特产，不过产量不多，上市时期又短，所以不为人所注意罢了！泰国改良种"莲雾"果大如拳，柔光映碧，皮薄水甜，甘逾梨枣，比台湾新品种莲雾更佳，本想带点种子回来试种，唯格于国际规定，果实种子进出口均有限制，只好作罢，我想如果土壤气候适宜，农发会育种专家们，会透过正式手续引进试种的。泰国跟吕宋的芒果，都是驰名国际的珍果（台湾管芒果叫"璇仔"），我到泰国，芒果刚刚上市，皮色青青，肉色奶黄，甜而少香，泰国人叫它"开路芒"。除了小孩跟喜欢尝新的人才买来吃外，一般人总要等芒果大市会买来恣啖呢！据说泰国芒果种类繁多，多达二十余种，每一府产的芒果，都有它独特风味，可惜去得不是时候，以致未能遍尝珍味，尽兴恣飨，十分可惜。

泰国有一种小橘子，泰国话叫"宋乔丸"，就是绿而甜的意思，产地在吞武里府挽英地区，凡是卖宋乔丸的摊贩，都说他的橘子是挽英出产，直接运来销售的。所说是否属实，我们初履斯土的人，是分辨不出来的。宋乔丸从外表来看，青里泛黄，果实又小，毫不起眼，可是榨出汁来，黄而带红，不需加任何色素，只要加少许糖浆，掺点儿柠檬汁，不但可以帮助发挥芳香味，并且可以帮助消化，润肤养颜。是隆路有一家一二八餐室橘子汁做得最标准，所以到该餐室进餐的食客，醉饱之余，总要叫一杯橘子汁来醒酒呢！

椰子水是泰国人最普通的饮料，椰子用途广泛，围绕椰子壳的网状纤维，非常有韧性而且耐用，可以做船上的缆绳、大型渔网、室外用的地毯。椰子树的主干，可以用来盖高脚屋，并且可以做桌椅床柜，因为老干坚实不怕虫蛀，是农村里最受欢迎的木料。椰子外壳能做碗盏灯勺，据说还能用于国防工业，制造火药、防毒面具、潜水艇内壁，甚至香烟过滤嘴也羼有椰壳粉在内。泰国人常说椰子用途比竹子还要广泛，足见他们是多么能利用椰子了。我们前十多年从菲律宾引进若干椰子种苗，从高雄到恒春公路两旁种满椰子树，不知道是品种欠佳，还是养护失调，迄今未见充分利用，实在太可惜啦！我每次从泰国倦游归来，最令人难忘的是泰国的椰子水，在泰国一年四季有椰子水喝，而且物美价廉，到处有售。在台湾喝椰子水，如何打开椰子，实在费事，而泰国卖椰子水，是先把椰皮削去一层，削得上丰下锐，有如一只大铆钉，其色洁白，叠放在冰箱里。因为皮已削薄，冷气内透，近乎凝冱程度，吃时在顶端削开一片，一根吸管、一柄铁勺，先喝椰子水，再慢慢挖椰子肉吃。椰子水澄明芳洌，甘如醍醐，椰子肉冷玉凝脂，柔香绕舌，椰浆糖分之高，虽然没有加以化验，恐怕比台湾椰子水的糖分，要高出若干倍呢！我想去过泰国的朋友，只要喝过椰子水，对于那种浆凝玉液的滋味，必定是念念不忘吧！

榴莲可以说是水果中最奇特的一种珍味，据说嗜之者榴莲一上市，手头钱紧，就是当了裤子，也要买只榴莲来解馋。怕闻那种气味的人说，榴莲臭逾鸡粪，避之唯恐不及。东南亚苏门答腊、爪哇、菲律宾、曼谷、吉隆坡、仰光、雅加达都有榴莲出产，据嗜吃榴莲者的品评，其中以曼谷榴莲最优，果香浓郁，糖分最足。新加坡爱吃榴莲的朋友，每年榴莲上市，千方百计总要托曼谷朋友买些榴莲运到新加坡，航运方面，因榴莲气味芳冽，无论包扎得怎样严密，总是有气味外泄，所以货运飞机都拒绝装运，足证曼谷的榴莲，是如何的受人欢迎了。榴莲之所以名贵，主要的是它非常娇嫩，不容易培育。它对土壤的适应性极为狭窄，一定要定植在不含丝毫盐分而要硫黄丰富的沙质土壤里。

泰国榴莲的好坏也分地区：湄南河右岸一带土壤里不含盐咸，所以称为极品的榴莲，都是这个地区的产品，内行人叫它"内榴莲"；左岸因为土质较差，所产榴莲叫"外榴莲"，品质甜度就赶不上内榴莲了。三月底榴莲刚刚上市，是隆路有一家大水果行是总批发，街上还没看到设摊贩卖，而他家货架子上，已经林林总总像刺猬一样排满了，论形态有长有圆，讲颜色有棕有绿。舍亲是这家水果行老主顾，而且每年都要大批买了运到新加坡去，所以老板对我们特别欢迎。他知道我对榴莲的品种优劣深感兴趣，一面挑选，一面不厌其详地跟我说："榴莲以树熟最好吃，果壳绿里泛黄，用指甲弹敲芒刺，回声发空，果实就成熟恰到好处了。不过榴莲高逾寻丈，榴莲实重多刺，如果让跌落的榴莲打中，果实摔烂不说，人虽不死也受重伤，所以在榴莲成熟前几天，就要雇工猱升采收了。采榴莲的工资特别高，还要戴上特制的头盔，因为果实成熟，一碰就掉落下来，工人若是被榴莲外皮的芒针戳一下，或是被果实击中，都是很严重的伤害呢！榴莲最名贵的品种是'金枕'，泰国人称它为'榴莲之王'，果肉充实细润，味更香甜，因为长得结实，所以成熟得慢，要比一般榴莲晚三分之一时间。每株树上结实又少，所以价格就比别的榴莲贵多啦！泰国几十种榴莲中，'长梗'梗子特别长，'仙桃'水分最高，'水蛙'

果肉有类青蛙，特征是纤维细长，'长臂猿'外壳棕色，颜色跟长臂猿毛色相近，'多子王'每粒果肉多达十几瓣，'美玉'肉色晶莹似玉，这些都是榴莲的上品，可惜三月间吃榴莲还嫌早点，再过半个月那些名种珍品才能上市呢！"他给我们一只索价泰币五百铢的榴莲，回来剖开来看，只有五粒果肉，甜香程度，两皆不足，不过总算今年已经尝过鲜了。

曼谷的水果

　　曼谷水果的种类跟台湾差不多，可是水分甜度都赶不上台湾，只有椰子水是一枝独秀，那是台湾万万不及的。泰国的椰子果实并不硕大，可是椰汁之香之甜，真是一口下肚冷香绕舌甘沁心脾。泰国的可乐不但种类多，而且价钱比台湾便宜不少，可是笔者旅泰期间不管到什么地方去旅游，只要有椰子汁，绝不饮用其他饮料。他们把椰子采下来，用极巧妙手法，把外面的绿皮削去，剩下的里皮，跟去皮甘蔗一个颜色，把椰子形状削成上丰下小圆筒形，就把椰子冰镇起来。因为皮薄，冰得特别彻底，喝完椰子汁还可以吃嫩椰肉。回到台湾，喝了台湾椰子水，就想起泰国的椰子来了。

泰国的榴莲，前两天本报同仁文南阁先生说："泰国榴莲不好吃，最好吃的是新马一带出产。"不过就笔者所知，东南亚一带，凡是产榴莲的国家，都认为泰国的榴莲最好。五月初间，在曼谷榴莲就上市了，当然价钱比一般水果来得贵，所以泰国民间有句俗谚说："榴莲上市，就是当了裤子也要尝尝。"买榴莲一定要自己会挑选，如果让卖的人给你挑，总有几只熟度不够标准的。

第一次吃榴莲，总觉得有点臭烘烘的怪味，只要您有耐性吃下去，就觉得越吃越香，进而吃上瘾了。据说榴莲营养成分特别高，很容易饱，吃多了连饭也不要吃了。南洋一带有个传说：只要能吃榴莲就能在当地安家立业，证之我们华侨个个爱吃榴莲。这个传说，可能不假。小婿在曼谷国泰航空公司供职，一到榴莲季节，不但新马，甚至菲律宾、印尼都托他一筐一筐地带，由此可证泰国榴莲的确出名。榴莲一下市，在曼谷还可以吃到榴莲糕、榴莲糖，虽然没有鲜榴莲那么好吃，但是也可以慰情聊胜于无了。

曼谷还有一种水果叫"莽坤"，有鸭梨大小，外皮是深紫色，打开来吃，味道介乎荔枝龙眼之间：泰国人说榴莲是"果中之王"，莽坤是"果中之后"，可见他们是多么珍视这两种水果了。不过我很奇怪，榴莲说它有怪味，飞机上不能托运，至于莽坤一点气味也没有，可是台北街头，始终未见芳踪，那就奇怪了。

椰子水

在大陆的时候，只知道椰子可以榨油做肥皂，椰蓉可以做点心，椰子肉可以做糖果，根本不知道椰子里有一兜水，还可以当清凉饮料呢。

光复之初来到台湾，为了考察烟叶种植情形，由台中嘉义而高屏，在屏东里港乡欣赏到蕉香椰影纯粹热带田野风光。有人送了两只椰子，说椰子水清凉却暑，发高烧的人喝椰子水可以退烧，因为性质阴寒，一般人是不敢随便拿它当饮料喝的。当试喝之下，颇像大陆上白花藕榨出来的藕汁，清莹无色，入口清淡，甘冽淳逸，后味略带乳香，一时兴起，连啜好几大杯，满口甘沁，痛快之极。

　　自从这次尝出甜头之后，每到冷饮室饮冰，别人要汽水可乐之类饮料，我总是要椰子水来润喉解渴。当时椰子水似乎属于廉价低级饮料，比较新潮一点的冷饮店都没有椰子水出售，反而荒村野店吃冰的地方倒是供应无缺。二三十年前的台湾，在北部水果摊上，几乎看不到椰子，只是有人认为火气重发高烧，为了降火退热才敢吃，台北台中在椰子盛产时期，偶或在水果摊上才出现几只，也是可遇而不可求的。可是往南去，一过台南进入高屏地区，陌头陇上随处可见椰影萧萧，在绿蕉如海中插云矗立。南部在当初虽然椰子树到处皆是，可是没有加以注意，既没有整套计划来加以管理，而且品种庞杂混乱，有的椰汁香冽清醇，有的不甜而酸，后来屏东县经当时县长张丰绪大力提倡，从菲律宾引进若干万株椰苗，在屏东公路两旁大量种植，十多年来，每到椰子盛产时期，真是绿云蔽野，椰密枝繁，椰子一年比一年产量多，大家渐渐知道椰子不是苦寒性质，而是甘凉饮料，于是椰子水的身价跟一般物价不成比例地节节倍升。近年来大量运销中北部县市，产地高屏反而喝不到物美价廉的椰子水啦。

一九七三年，笔者第一次到泰国去观光，一喝曼谷的椰子水才知道台湾的椰子水谈到香甜，那简直没法子跟人家比了。泰国全国各省都产椰子，不管是陇上田边，山隈水涯，有的三三两两，磔竖摇曳，有的飞青荫翳，苍翠成林，既不施肥，更不除草，好像野生荆棘没人关心，让它自生自灭，比起台湾椰子生长情形，并不壮苗蓬勃。

泰国到处都有冷饮店，大部分是用他们自己国里做的铝质冰箱，上层镶着厚玻璃，里面一叠一叠放满颜色像削皮甘蔗、上丰下锐、有如大型螺丝帽一样的东西，起初不知是什么水果，后来才知道是椰子，敢情他们把椰子外面绿皮削去，不但容易冰得透，而且干净美观又便于堆放，泰国因为夏季特长，一般人整天离不开冷咖啡冰汽水，所以各式各样名牌汽水西打可乐厂商，都是在泰国各自设厂，就地制造，因为人工便宜，这些饮料售价，比起台湾来，要便宜三分之一，甚至二分之一，可是一只椰子的售价，也跟这些大瓶饮料相差不多，外来观光客大多都要尝尝泰国的椰子水是什么滋味，外来客人饮冰时以点椰子水的占多数，店员从冰柜拿出椰子来，都是现把椰子的上盖削去，送上一只吸管吸水，一把羹匙挖肉。没尝过泰国椰子水的旅客，用吸管一吸，立刻觉得冷香震齿，直沁心脾，可比咱们台湾的椰子水，浓郁甘冽多啦。

这种椰子肉特别鲜嫩，都是晶莹凝玉，如啖雪乳，除非个性畏寒、不近生冷的人，否则喝过泰国椰子水的游客，相互谈及，认为印度、马来西亚、菲律宾、墨西哥虽然都盛产椰子，那跟泰国的椰子实在没法比了。泰国因为椰子多，价钱又便宜，一切西点固然离不开椰蓉椰浆，有些人家就是炒菜煮糯米饭，也要挤点椰子汁当调味料来增加香味，促进食欲呢。

曼谷有一家专卖泰国式冰淇淋的饮冰室，每天一到下午五点钟，就锦衣珠履，杂沓纷来，开始上座，座上客桌桌客满，大家只有排队依序入座。他家特制泰国冰淇淋，是用浓厚的椰子汁代替牛乳，不加任何香料，只用榴梿，其色橙黄，其味芳冽。泰国朋友认为这是任何国家吃不到的美食，如果您也喜欢吃榴梿，他们说的话您一定首肯，不会认为过甚其词的。

有位侨胞朋友，花了泰币五万铢，合台币十万元，才经移民局核准加入泰国国籍，我曾经偷偷问过他，为什么肯花这么多钱入籍，他说第一是有了泰国国籍，做生意比较方便，此外他最爱吃椰子榴梿两种水果，泰国的椰子榴梿在东南亚算是最好的了，他的毅然加入泰籍这也算是原因之一，这话固然是朋友们一句笑谈，但也可以想见椰子榴梿能让人迷恋到流连忘返的地步，魔力之大确实是惊人的。

在泰国遇到一位墨西哥的烟叶商，他说墨国也盛产椰子，可是尝过泰国的椰子汁之后，才觉出自己国里的椰子水甜度不足，后味微酸，跟泰国椰子是没法相比的。不过墨西哥另外有一种椰子不是喝椰子水的。而是花茎接近成熟的时候，用锋利的竹片，把花茎的主干剖开，立刻有黄褐的黏浆源源流出（如用铁器盛装，汁液即变成深棕色）。一株花茎一天可流出一加仑左右的浆液，可以当饮料解渴，不过这种椰子皮厚肉老，椰子水味淡而酸，反而不能当成饮料，这种花茎流下的汁液，经过发酵手续，其酒精成分可能高达百分之八到百分之十二，那就是墨西哥人夸称金浆玉醴能够醉人的椰子酒了。听说马来西亚、菲律宾都会做椰子酒，可是都赶不上墨西哥酿出来的馥郁宜人，醉了不上头，不口渴，所以一般瘾君子品评结果，都认为椰子酒中，墨西哥出品应列第一。

传闻种植这种酒椰子树苗的时候，要比一般椰子种得深，不需施肥，只要把晒干的椰子壳烧成草木灰，用等量的海盐拌搅，撒在椰苗四周，将来花茎着花，就颈制出来的椰子酒，必定特别香醇出色，说者认为是种酒椰子的金科玉律，究竟效果如何，那就不是我们异乡人所能知道的了。

总之椰子浆、椰子蓉一做出点心糖果来，就没法分出好坏；只有椰子水，刚一入口就能分出哪是琼浆玉露，哪是君子之交啦。

曼谷的四大名刹

　　近五年来三度到泰国去旅游，朋友们问我为什么那样热爱泰国，我告诉他们说，Thailand 在暹罗文，就是自由国土的意思，人民温良恭俭，勤劳朴实，不像东南亚其他国家人民，对于中国人在有意无意之中，露出几分骄人傲气，让人觉得很不舒服。曼谷在东南亚国家里，可算数一数二的大都会，居民早已超过二百万，直叩三百万大关。其中一半是外侨，而外侨中百分之九十九都是华侨，所以泰国朋友说"无华不成市"，倒也不是虚名溢美的。这个白象王国，在十八世纪缅甸大军倾巢来犯，一举攻占了当时的首都"大城"，那时有一位华裔青年军官叫郑昭的，收拾残余，在"尖竹汶"以保乡卫民为号召，率领一百多艘各式渔船，从暹罗湾溯湄南河而上，首先夺回吞武里跟曼谷，军威大振。不久把缅军全部逐出国境，国土重光，在泰国历史上形成了十四年的吞武里王朝。

郑昭勋业彪炳，复国功高，因此赢得暹罗全民爱戴，拥立为王。这时虽然战事敉平，而若干边远地区还是群雄割据互相鼎峙的局面，当时北部清迈，叫作孟莱王国，声势浩大。郑王率军北指，攻克清迈，划清迈为直辖邦，先后征服了老挝、柬埔寨，开疆拓土，把国土扩张了一倍以上，功勋盖世，比以前任何王朝，声势都要壮大。这位开基创业神明睿智的大英雄，想不到竟被他的女婿策格里借口其出身微贱，又属华裔，于是亲率所辖禁卫军围攻吞武里。郑王深虑人民再遭兵燹，竟毅然下诏逊位，削发为僧遁入空门。策格里登上王位，理应心满意足，谁知他鸱枭成性，赶尽杀绝，把他的岳父大人缉获归案斩首市曹。倒是后来国人念念不忘郑王的丰功伟绩，把他坟墓建筑成一座高达一百五十英尺的舍利塔，建筑得涂金错银，藻绘复杂，层台高耸，丹楹重柱拱卫四周，塔基底座，并雕塑一排神情高傲的怒目金刚，以资护法。从湄南河上泛舟远眺，翠甍云构，挺拔突兀，仿佛对郑王最后的遭遇反映出怨怼难伸的气氛。塔旁盖有一座两厦重梦的郑王庙，又名"曙光寺"，因为飞檐啄角，都是五彩瓷片，贝壳螺钿，雕镂复叠而成。晨熹遥望，珠光焕烂，众彩迷离，所以博得"曙光"雅誉。正殿供奉郑王塑像，罗列骈车绣旌，黄旗紫纛，灯火青荧，庄严肃穆。殿外广场小贩云集，泰国各地土产手工艺品应有尽有。不过那些小贩总是漫天要价，要是没有识途老马，就地还钱，那非吃亏不可，所以没有熟习当地商情的人陪同，外来陌生人，是不敢随便问津的。寺内各处庭院门旁，都有身逾寻丈、犀甲铁铠、金钺玉斧的石质守护神雕像，仿佛中国的神荼郁垒，可惜已有几尊土蚀风化头断手残，而现代石匠又没有那种高度技术来修护保养，听其荒废风化，过不几年，恐怕露冷秋寒，无迹可寻了。

玉佛寺

玉佛寺是拉玛一世也就是杀了岳父郑昭自立为王的策格里所建，建庙已有二百多年历史了。最初玉佛寺属于宫廷中家庙，宸游禁地，所以跟皇宫相连，后来才隔断宫墙，准许人民巡礼膜拜的。寺内翠瓦金铺，云霓陈彩，比起郑王庙还要壮丽崇闳。正殿回环九圈，雁翅明廊，台阁凌空，高逾寻丈，在宝盖珠幢、伞扇法器、银灯紫幩辉映之下，矗耸巍峨。玻璃砖神龛内供奉一尊用整块琼玉雕成法相庄严的玉佛，这尊玉佛，晶莹透碧，泰人视为国之重宝。法身披着斐铧焕烂的金缕衣，衣共三套，分夏季、雨季、凉季，按季节的轮替而更换，换季是由国王御驾亲临主持，仪式肃穆逸丽，是当地一桩大事，报章杂志都有照片文字刊载。一般人进入殿中礼佛，必须先在廊外脱下鞋，才准进入。所有顶礼后的善男信女，无不虔诚崇敬，或坐或跪，潜心冥息片刻，凝眸仰视后，方起身退出。龛侧墙壁涂金错银，绘丹垩粉，从佛陀降生，历经苦厄，一直到菩提证果，连绵相属，虽无文字说明，如果了解佛陀一生，也可揣知来龙去脉。寺内各处除了式样别致的大小实心浮屠外，每一座殿堂前面，都塑有一对鸡头人身、雕弓翠羽的立像。有人说，这种塑像是根据泰国有名神话故事"曼萝拉公主"而塑造的，泰国人为什么喜欢这种半人半鸟的武士来充殿前武士，那就非我们一般外国人所能理解的了。

卧佛寺

好像信仰佛教国家十之八九都有一尊卧佛。当年北平拈花寺方丈全朗老和尚曾经告诉过我，北平西山卧佛寺的卧佛名为涅槃佛，我想曼谷的卧佛，也不例外。卧佛寺的正殿特别高广闳敞，我们去的时候，正赶上结扎鹰架，将整个庙宇殿堂藻绘涂丹，准备迎接查克里王朝建国二百年盛典。卧佛寺正殿供奉的卧佛，长达一百七十四英尺（比最近翁松山为六福村塑建卧佛长一倍有余），卧佛全身鎏金，用手支颐斜卧殿上，仅仅小手指就长有三公尺，佛的双足是十英尺见方的一块瑛石板雕成，十根脚趾长短齐一，每一脚趾刻有三个螺旋纹，而左右脚掌都划成一百二十多格，每一格中都镶嵌一尊形态各异小佛。这尊卧佛，恐怕是世界上最大的卧佛了。泰国人拜佛，所买香烛，都扎在一起，并且夹有一张小金箔，这张小金箔是给您用来贴在菩萨身上的。卧佛巍然高卧，高不可攀，在卧佛宝榻之前，有一尊具体而微小型卧佛，信徒们何处有什么病痛，就把金箔贴在小型卧佛那个部位，头痛贴头，腿痛贴腿，信之者说，如响斯应，灵验不爽，所以这尊小佛，经过多年的贴金，简直成了包金卧佛啦！

云石寺

云石寺也叫大理石寺，位置在皇家花园斜对面，整个佛寺建筑所用石料，据说都是采用云南大理石，石质晶莹，比北平三大殿的大理石更为洁白。复殿重楼，雉门两观，甚至缭垣露槛，庭阶广路，无一不用大理石砌成。正殿门前蹲有泰式石狮一对，嗲嗲谔谔，还带点柔媚姿态，与中国宫殿前雄姿浑穆的石狮神情体态大异其趣，中泰国民性不同，从石狮子也都可以表现出来了。穿廊之外，清溪如带，长虹卧波，桥栏篆浮宝兽、彩错铜驼，桥龄当一世纪以上，中国的桥也不算少，还没有一座像这样崇巨壮丽的呢！

桥的彼岸另有一座云石杰阁，檐牙高啄，丹碧相映，中座供奉光芒照眼全跏趺坐金佛一尊，高约十英尺，有人说法身是鎏金被体，有人说纯金铸造，不论是鎏金纯金，但宝相庄严，低眉禅静神情，足证泰国古代雕塑艺术的高超，是不输中印两个笃信佛法国家的。殿外廊腰缦回，供奉着二三十尊诸天菩萨，缁衣芒鞋，神祇内莹，当然各有所本，不过我们不谙佛国经典，无法了解他们来因去果罢了。泰国是东南亚信奉佛教最虔诚、佛弟子寺庙最多的国家，今年又是查克里王朝在曼谷建都二百周年纪念，所有寺院全都油漆彩绘焕然一新，如果去观光，现在举国庆典未终，正是时候。

游曼谷鳄鱼湖

前五六年就听说在泰国有一座以人工大量饲养鳄鱼的场所，虽然总想去参观一番，可惜始终没有找到适当的机会，恰巧今年暑期到泰国去度假，参观鳄鱼湖自然列为优先观赏的地方了。

鳄鱼湖在临近曼谷的北榄府，从曼谷市区出发，汽车行程大约就可以到达。入口的大门虽不怎么样壮观，可是大门左边墙角竖着一只巨型木头做的车轮，据说那是表示时光轮转、日新月异的意思，倒颇为别致。

鳄鱼湖是旅泰华侨杨海泉独资经营的，因为关支庞大，所以不得不酌收门票稍资挹注。门票价格是外宾每人四十铢（合台币八十元），泰国人则仅需六铢，两者相差六倍多，对外宾的竹杠敲得未免狠了点。

一进大门是动物园，有几只幼象，和大猩猩都由管理人率领在园里漫步，大象表演跳舞敬礼吹喇叭。猩猩表演骑车吸烟握手各种滑稽动作，并随时跟游客拍照。熊狮虎豹每种都有几对，大的关在笼里，小的拴在槛外，和游客玩耍。此外箭猪石豹穿山甲食蚁兽都是别处罕见的动物。

园的西部地势渐高，依势凿池，溪流处处，恐怕鳄鱼窜起伤人，都用原木铁杆，高架临空。碧树红栏，迂回千转，俯瞰鳄群，真是强悍骄倨，踔蹶虬叠，形态万千，令人可怕。驯鳄人叫乃姚，是一个短小精干、肤黑如铁、全身肌肉虬结、四十多岁的中年人。他说西部溪洼崖嵋，混淆杂居的鳄鱼大约有九千条左右，全是经过训练的熟鳄，凡是适宜在泰国气候生长的鳄鱼种类，如海鳄、墨格、恒河鳄、多齿鳄、短颈鳄、墨加沙鳄，园内也都纲罗靡遗。不过鳄鱼的灵性有高低，接受训练的程度也就因鳄而异。如果是未经训练的生鳄，甭说八九千条，就是三两条鳄鱼来犯，顷刻之间一个活人也会变成一堆白骨。他每天工作除了训练之外就是指挥鳄鱼表演，鳄鱼的表演照规定是上下午各一次，可是逢到星期假日，或者是外国游客大批涌到的时候，那就要随时加场啦。

表演场是一个百米长五十米宽的水池，水深不过三尺，池子正中有一座长出水面一尺的平面水泥台。四周搭有围绕水池两丈多高的朱栏水榭。一开始表演，由乃姚赤身下水，用棍子把两条鳄鱼赶上平台一边，一声笛响，两条鳄鱼拼命前奔，先到的算优胜。他能指挥鳄鱼做微笑，施媚眼，既紧张，又逗乐，最后一场精彩好戏，是乃姚先把脖子上挂的护身佛含在嘴里，然后把一条巨型鳄鱼抱着竖立起来，用前爪伸起来向游客行敬礼，然后爬在水泥台上，张开大口，露出森森的利齿一动不动，静静地等候游客把钞票银元辅币往它嘴里投掷，一场表演下来也能收到三几百元赏金。乃姚说鳄鱼最不喜欢表演竖立起来行礼，所以每次表演到了这个节目，他一定要把他那一尊护身佛含在嘴里，有佛祖保佑方能平安无事，否则将不时被鳄鱼咬伤。所说是否属实，或是故神其说以广招徕，那就不得而知了。

东部鳄园是未受训练生鳄的"宿舍"。每个鱼池都有五十尺长、十五尺宽，按鱼龄和种类来分，每个鱼池都有水管注入活水，池子外面都有钢管架子隔间，用铁丝网子拦住，以防鳄鱼遁出噬人。鳄鱼的龄级分的很多，有一个专养六个月以下的小鳄鱼池子，往上分一年、三年、五年、七年、十年、十二、十五多种。每个池子，池里池外都爬满了鳄鱼，铁干苍麟，真是蟠虬百态。最小鳄鱼池子里，至少也有千把条在栖息着。管理人说，池子里的鳄鱼，每天数字都有变动，大概最低数字总不会少于一万八千条。正要辞出，碰巧赶上喂鱼的时间到了，整卡车的鱼虾，成筐论篓的兽肉，立刻改刀剁小，倒在池里，风卷残云，转眼之间一扫而光。鳄鱼皮用途甚广，虽然可以赚大钱，可是看他们那样喂鳄鱼，一天的饲料费也确实惊人呢。

　　最近这位爱国侨胞杨海泉来到台湾，他对于在这里饲养鳄鱼一事，似乎极感兴趣。这件事如果成功，一则对观光事业有所裨益，二来又可以使他自己的产业有所发展。曾经由高雄市市长王玉云陪同到内惟埤金狮湖两处水域查勘，听说杨海泉查勘的结果，认为内惟埤环境气候水质饲养鳄鱼都很理想，希望不久的将来，我们台湾也有个崭新的鳄鱼湖出现，供大家赏玩啦。

香留舌本的血蚶

　　吃海味除了大螃蟹外，我最爱吃血蚶。蚶子属于蚌类，壳厚而硬，略呈三角形，纵面有线横起，如同瓦楞，所以又叫瓦楞子。有一种纵线不甚高，有黑色茸毛者，又叫毛蚶，是下酒隽品。浙江沿海一带都有生产。细分起来，蚶子有若干种，以温州左近生产的最为肥美。当地人说，是不是奉化宁波的蚶子，一看蚶子上的瓦楞，就能分出是真是假。真的瓦楞子都是十七楞，不是十七楞或多或少，就不是当地产品了。

　　蚶子中上品内含有鲜红的血，所以叫血蚶。除了温州沿海外，福州莆田一带海域，有所谓蚶田，产地广达百馀顷，是渔民特别养殖的，据说是贡品。可是蚶子是离水就死的海鲜，为何能运到京里御膳房去供膳，恐怕是说说而已；而且清宫膳食单上从未发现过有蚶子呢！

前两年我在泰国，有一次到蒲特雅旅游。当地虽然不是海滨，可是鱼虾海味的集散地。在当地一家有名的饭馆，我看见他们冰柜有一篮蚶子，每颗比温州出产的大一倍，划开一看，只只肥硕，浆满血足。于是让堂倌把外壳的泥沙洗净，用开水一烫，立刻用酱油、料酒、香油、姜末、胡椒一拌拿来下酒。谁知馆子里早就配好一堆又酸又辣的调味品料，一起拌匀来吃，真是红膏浅齿，明透鲜美，比以往吃过的血蚶要肥美多了。后来回到台湾一进海鲜店，就想起蒲特雅的血蚶来了。

闲话鲨鱼

前几天跟几位朋友在来来饭店进餐，隔座有位须发皆白拄着单拐的老人，对我不眨眼地端详。我也觉得他似曾相识，继而想起，他是财商旧友张魁一兄，自从学校毕业，他就去英伦深造，后来只听说他在英国国家银行担任高级职务。他很少跟国内同学互通消息，想不到竟然在台北不期而遇。

据他说，前个二十多年，他暑期度假，打算到英伦海峡鲱鱼区去捕鲱鱼。想不到那一带海域，也是鲨鱼最活跃地带。鱼群通常都是七月初游来，九月底就都回游到大西洋去了。那天他跟一个英国渔业朋友费兰克驾着一艘捕鱼船在蜥蜴岬巡弋，正当大批鲨鱼游去，殿后的一群被渔民称之为"海盗"的巨口鲨一下子就把他们撒的渔网撞破。他一着急用力收网，浪高风劲，猛地被巨浪卷下海去。当时这批鲨鱼有五六百条之多，虽然船上水手抢救得快，他的右腿胫骨以下连皮带肉，已被一尾虎鲨撕掳而去，医治结果，只得锯去一截，所以变成了现代铁拐李了。从此他对鲨鱼的研究，锲而不舍，数十年来英国渔业尊之为鲨鱼专家，提起福瑞德·张是无人不晓的。

他说鲨鱼种类极多，它们的身体大小色泽和形状虽然差异极大，但有同一特点，全都是贪吃不厌的饿鬼。人、鱼遇上它们，极难幸免，所以捕鱼人不叫它们鲨鱼，而叫"海盗"。鲨鱼大部分体型是流线型，游行可以加速，减少阻力。它们嘴里有两排森森利齿，配上蓝色发光外有厚眼膜的双目，令人望而生畏。悠闲进食时，在海中飘飘荡荡每小时只游两三英里；当它们看见猎物，追踪捕擒时，速度立刻可以增加到每小时三十英里左右，比一般炮艇速度还快。

据说澳洲一个捕鲨协会有一位墨尔本会员，在澳洲南部海岸海钓，钓到重达两千四百多磅的鲨鱼，算是近代海钓难能可贵罕有的成绩了。十八世纪英国王室有位亲王，在英伦海峡用大型渔船网获一尾紫星鲨，重量达三千七百四十多磅。这两项纪录到现在还没有人打破呢！

英国海上大批出现的鲨鱼多半是蓝鲨，旧时中国侠士外国剑客，都喜欢拿它的皮来做剑鞘剑柄。中国说书人，一来就说，腰悬绿鲨鱼皮剑鞘，其实是蓝色的。至于绿色鲨鱼，据有经验的渔人说，最长也不过五六寸，学名叫小印鱼，它们是大鲨鱼的好朋友，在大鲨鱼颚下游泳，专门吃从大鲨鱼嘴里滴下来的渣滓，它的皮虽然泛绿，可是鱼身太小实际派不上任何用场。

有一种锤头鲨昼伏夜动，遇见猎物往前一蹿用头一锤，把猎物击晕，它就可尽情恣餐，跟它同等巨大的鱼类，也经不起它这一击。

长尾鲨是鲨鱼中最具灵性的，它察觉身后有异物，突然一转身长尾一卷，猎物无一幸免，吃不完的，拖到海底巉崖幽岫，等饿了再吃。鱼类能收藏食物的，恐怕只有这种鲨鱼啦！

还有一种姥鲨，身体臃肿，每尾都有七八百磅，喜欢漂浮水面晒太阳。看见有轮船经过，它们就穷追不舍，专吃船上厨房抛弃的食物，所以船员们又叫它懒鲨。有废弃物吃，它是不会伤人的。

苏格兰喜欢海钓的高手，不时能钓到斑点鲨的卵。鲨鱼卵呈椭圆形，不是附着在海底的蕈草上，就是峭壁穿石上，要经过一年才能孵出小鲨鱼来。在卵的两端，各有一条小缝，海水不断地此进彼出，鱼子既可得到海水滋润，又可避免海水冲撞和鳞介的吞食。海上渔家一年能吃到一两次这种酥炸鲨鱼卵，不但大饱口福，照渔民的迷信说法，当年吃过鲨鱼卵，渔获量也必定是盈筐满釜，大比有年的。

鲨鱼虽然凶狠残暴，可是照顾幼鲨出自天性，当幼鲨遇到危险时，它立刻把它们含入口中，以避免凶险。鲨鱼胃里不断生产气酸，所以它的消化能力快而且强，人的肢体如果沾到它的一点胃酸，立刻脱皮腐蚀。渔业界管鲨鱼叫清道夫，鱼翼经过之处，海藻杂质、鱼鳖虾蟹，一干鳞介一扫而空。前年有人在香港附近捕获一尾斑马鲨，解剖之后，鲨鱼肚内发现有整具人体骨骼、尚未打开的铁盒苏打饼干、油布包扎完整的罗马瓷砖。更有一位海钓高手，在东沙群岛无意中钓到一尾七星鲨，肚子里竟然有一箱两打装的日本啤酒，既有鱼吃又有酒喝，一时传为美谈。

鲨鱼的种类多到不胜枚举，而不同种类

鲨鱼的牙齿也形状各异：有的宽而厚实，像压路机；有的尖锐犀利，比钢锥还快，巨型货轮的钢缆铁锚，它能三两下就咬断。硬碰硬的结果，是它的牙齿也容易损坏。幸亏鲨鱼的牙齿整排脱落，很快又整排地再生出来；一尾鲨鱼长个五六次再生齿，那是常有的事。不过再生齿越生越小，当然锐利度也一次比一次减弱，因此它们不到非得已时，也不愿意损伤自己的牙齿呢！

鲨鱼虽然是海中霸王，一切生物遇上遭殃，但也有一种小鱼，在鲨鱼头前开道，等于是老虎之伥。它一方面受鲨鱼保护，一方面遇有敌人来袭，可以给鲨鱼示警。这种小鱼嗅觉极敏，哪里有危险强敌，哪里有肥美的猎物，都能引导鲨鱼追踪，所以渔人叫它"向导鱼"。

中国人认为的上食珍味鱼翅，有所谓大包翅、小包翅、排翅、散翅，都是从不同种类鲨鱼的不同部位割下来的。有一位西班牙朋友，写了一部有关鲨鱼鱼翅的著作，达五百多页，可惜是用西班牙文写的，如果有人把它翻成中文，我想也蛮有意思呢！我在初来台湾时，一次同几位好友到淡水去游泳，曾遇到鲨鱼袭击，幸亏逃避得快毫发无伤，不过对于鲨鱼，仍有一些吓丝丝的感觉。若不是魁一兄给我上一课，我真还想不到鲨鱼有这样凶残可怕呢！

熊掌琐谈

八珍之一的熊掌，笔者在十二三岁时就开过洋荤了。当时清史馆的协修袁金铠忽然两腿僵直，只能挪蹭而行，不能举步。经过北平几位名医会诊，逊清太医院御医张菊人认为炖点熊掌吃，疏通横纹筋，可能恢复步履。

清史馆馆长赵尔巽知道同年瑞洵（景苏）存有熊掌，同时打听厚德福有位厨师解宝峰，对于煨熊掌非常拿手，不过熊掌难求，解宝峰变成英雄无用武之地了。这次小聚由瑞景苏出熊掌，赵次珊（尔巽）请客，目的是给袁老医腿。这份熊掌虽仅一只，可是发开之后，一只大海碗，盛得满满的。熊掌腴润肥腆，吃到嘴里很像吃特厚极品鱼唇。这道菜吃完，堂倌立刻奉上滚热手巾擦嘴，不然的话，嘴就胶着张不开了。

民国三十五年我仓促渡海来台，泰县盐栈的厨师刘文斌亦只身来台，只好仍在舍间司爨，后来我奉调嘉南工作，他年老畏热，就到航运公司，想不到在日伪时期，他从李长江公馆学会了煨熊掌的手艺，如果有人自备熊掌，他可以代做，因此刘厨做过几次熊掌，声名大噪。

前几天几位吃过刘厨手艺的人谈起，现在台湾恐怕没有人会煨熊掌了。我说："我觉得熊掌除了腴厚肥腆，并不能算是什么佳味，台湾现在虽然不一定有人会做，可是香港跟巴黎、法兰克福的中西厨师，有这份手艺的还颇不乏其人呢！"早年在香港吃熊掌真货甚少，很多酒家用的都是充装货，有时用骆驼蹄，有时用牛筋，酒家还预备真熊掌做道具。有些海派酒家，另用高脚瓷碟，盛上熊掌骨骼架子，同客人"照实"，在珠江流域固属事非寻常，可是让东北人看来，未免令人笑掉大牙了。

上海服装设计专家江小鹣，当年在上海静安寺路开了一家云裳服装公司，因为地点适中，所以他的办公室楼上变成了我们的俱乐部。有一天名摄影家李金发忽然谈到吃熊掌，他说："我们中国人觉得只有我们会吃熊掌，其实法国巴黎有一家饭馆叫翡翠园的，由全法国四大名厨之一瑞荪主厨。他的拿手菜中文译名叫'麒麟熊掌'，用火腿草菇清炖。在欧陆吃熊掌分'干货''湿货'（又叫急冻货），炖好之后温润缜密，泽如脂肪。在外国能吃到这样的火候菜，实在难能可贵。"

同座的籍孝存是新从德国回来的，他说他曾经应一位野味名厨WIBBTKT之邀，到WIBBTKT在法兰克福的野味餐馆吃德国式铁扒熊掌，不过炮制起来，颇费时日，也不是随做随吃的。先用香料红酒蒸得糜烂，然后切皮铁扒，一半还嵌上肉馅儿，菜端上来再加上柠檬汁、德国酒少许，入口甘肥，味道浓脲，大都认为德式做法，不在中国煨熊掌之下。

席间还提起，有一年世交范冰澄先生在哈尔滨以华方首席代表身份出席中东铁路某项会议。会后聚餐，俄方有一位代表聂彼洛夫是有名的俄国易牙，烹制熊掌尤擅胜场，所做烟熊掌味醇筋烂，膏腴多脂，与会人士无不同声赞许。据说他用虫草炖熊掌更是一绝，帝俄时代曾在御前献技，他跟俄方首席代表是郎舅姻亲，所以才能在中东铁路厕身理事，可见他们也讲人际关系。这一畅谈熊掌，谈得大家食欲大振，而在云裳公司来喜饭店，大家既无熊掌可吃，只好啃两只腌猪脚，喝两杯丹麦黑啤酒解解馋吧！

私家藏書

豆腐渣列为珍馐

做豆腐剩下来的豆粕，北方叫它"豆腐渣"，因为每天产量不少，十之八九都作为猪的饲料了。豆腐渣本来是可以炒来吃的，可是北方人生活简朴，环境较差的人家，每日三餐总要搭上一两顿杂粮，不是蒸窝头，就是贴饼子，不比南方几省鱼米之乡顿顿有白米白面吃，豆腐渣虽很便宜，可是炒起来太费油，所以大家不肯随便炒来当菜吃。先祖慈有一贴身女佣叫辛阿姐，是苏州人，做几样小菜精致细巧，不脱苏州风味。她常听名医杨浩如、张菊人说："豆腐渣残存的营养价值对老年人或怕胖的人，最为相宜，可惜大家都不知道利用它当菜吃。"她一直记在心里，每年到了农历六月，先祖慈向例吃观音斋一整月，不动荤腥，这一个月的斋菜，就归辛阿姐打点了。有一天，我陪她老人家进餐，辛阿姐舀了一汤匙菜给我，说是肉松，我吃到嘴里酥松香脆，比福建肉松还好吃，后来才知道这是豆腐渣炒的。她说："素炒豆腐渣最好是用花生油，先把油烧热，随炒随加油，等炒透放凉，自然香脆适口，如果放点雪里蕻、笋片同炒，更是吃粥的隽品。"

舍亲李榴孙是合肥李仲轩的文孙，自幼茹素，来到北平在舍间吃过这种素肉松，后来回到上海要厨房给他炒素肉松吃，可是他又不清楚是什么东西炒的，害得他家万管家偷偷写信来问，才知道是炒豆腐渣。虽然豆腐渣不值钱，可是在租界里没有豆腐坊，要买豆腐渣，还要跑到南市或闸北跟人去匀。李府在上海是五代同堂的大家庭，一买豆腐渣就是二三十斤。豆腐坊也奇怪，李公馆又不养猪，买这么多豆腐渣做什么。在上海人心里绝想不到豆腐渣可以炒来吃呢！

舍下时常用火腿油蒸鸡蛋羹，肥犹甘滑，自成馨逸，厨房里拿来炒豆腐渣，再加点火腿碎屑，居然沉色若金，味更蒙密，如不说穿，谁也想不到是豆腐渣。

北平盐业银行张伯驹，某次在舍下便饭，吃过一次火腿末炒豆腐渣，食而甘之，认为粗淡中有绝味。某一天他派人送了一只大火腿来，说是要借我家厨子请行里的岳乾斋、韩颂阁几位高级同人吃便饭，目的就是尝尝火腿油炒豆腐渣，吃完大家赞不绝口。韩颂阁说："俗语有句吃豆腐花了肉价钱，今天我们吃豆腐渣花了火腿价钱。"阖坐相顾大笑。后来盐业银行请客，最后上四个粥菜，其中必定有一个或荤或素炒豆腐渣，就是从舍下学去的。

煮五香茶叶蛋的秘诀

　　近年来五香茶叶蛋在市面上可以算是大为流行，郊游旅行，带几枚茶叶蛋，既耐饥又解饿。家里煮点茶叶蛋放着，大人小孩下班放学回家，如果饭菜没烧好，拿两枚出来剥开就吃，而且冷热均宜。

　　南北纵贯铁路沿线，从高屏到北基，以及市集风景特区，甚至行人地下道，都有卖五香茶叶蛋的小贩。友人卢立群兄，一口气能连吃十七枚五香茶叶蛋，因此朋友献上封号，尊称"五香茶叶蛋大王"。他茶叶蛋吃多了，对于品质优劣、滋味浓淡，就有了深入三昧的品评。据卢君说，卖五香茶叶蛋的，虽然磕头碰脑到处都有，可是您要想吃色香味俱全的茶叶蛋，百不一遇，还不是随时可以吃得到呢。

吃茶叶蛋以苏浙皖三省跟赣鄂地区最为流行，到了年终岁暮以及献岁发春，茶叶蛋就变成元宝啦。浙人吃茶叶蛋叫捧元宝，上海有些行业中也极为流行。记得当年在上海时，一过腊月二十三祭灶，您若是到澡堂子洗澡，他们对于熟主顾必定伺候格外周到，结果送上一份元宝茶来。所谓元宝茶，就是福橘一个，青果（鲜橄榄）两枚。笔者旅沪一向是在卡德路卡德池洗澡的常客，到年尾一定要去卡德池洗澡。伙计们看顾客上门，自然奉上元宝茶。家母舅更是卡德池的老主顾，每去必叫附近一家小吃店的茶叶蛋、芝麻糊、鸡批 ① 当下午茶，尤其时常叫茶叶蛋来吃。伙计们知道我们怕酸，不吃福橘，所

① 鸡批，即鸡肉派。

以元宝茶改为茶叶蛋附带两枚鲜橄榄，因为江浙一般人家，新春到府拜年待客的元宝茶，就是茶叶蛋。

煮茶叶蛋虽然不算一回事，可有几点窍门要知道，否则煮出来的蛋不入味就不好吃了。先把鸡蛋壳洗干净，鸡蛋加冷水煮开，改为小火煮五分钟（火太大蛋壳容易炸裂），红茶最好用花莲鹤冈茶场产制的红茶。因为茶叶蛋越煮蛋黄越松，蛋白越嫩，鹤冈红茶色浅味淡，久煮色不变黑，味不变苦。笔者有位商界朋友，每月要在高雄台北往返四五次，每次都坐莒光号火车。他平素只喝开水，车上供应的茶叶，他每次总拿一包红茶带回家去，集有成数就拿去煮茶叶蛋。由于茶叶搁久受潮，茶末又细，所以他家煮出来的茶叶蛋，色呈深褐，蛋白老而且韧，蛋黄干而坚实，请大家吃，谁都摇头。足证煮茶叶蛋，茶叶的品质是不可忽略的，碎茶叶末，喝完了的茶叶，用来煮茶叶蛋都会影响风味的。

鸡蛋煮熟，先要逐一把蛋壳敲碎。敲蛋也需要点小手法，敲得太碎可能味道太咸，敲得不均，冰纹凌乱太不美观，敲得片大又不入味，要把蛋壳敲得疏密均匀，面面俱到，等茶叶蛋煮好，才会呈现"冰纹"，曲纹多姿，增加美感，进而促进食欲。

煮茶叶蛋有人放点八角增加香气，尚无不可，但是绝对避免放花椒，因为一有麻辣，清淡的茶香就化为乌有啦。茶叶蛋本来是凉热都能吃的，不过有人别出心裁，喜欢用骨头煮高汤而不用白水，固然是可以增加一点鲜味，不过郊游旅行拿在手上吃总觉得油腻腻的不受用，若是附近没水净手，那就更不对劲啦，如果在家庭里吃那就无所谓了。

煮茶叶蛋还有一点要注意，就是卤水一定要漫过鸡蛋，否则回锅热个一两次，茶叶蛋变成了"铁面无私的包龙图"，不仅难看，而且蛋白也僵硬难嚼，不好吃也不容易消化啦。

捧元宝的日子一天比一天近了，煮茶叶蛋待客，是省时省事最经济实惠的。如果您打算煮一锅好吃的茶叶蛋，注意以上几点，我想您的茶叶蛋，一定会受客人欢迎的。

请您试一试新法炸酱面

北方人喜欢吃炸酱面，那是最普通的面食，本不足为奇，可是近几年来，江浙湖广的朋友，似乎也对炸酱面发生了兴趣，就是台省同胞近来下小馆，不叫米粉、贡丸，而叫打卤、炸酱面的也屡见不鲜！

不久以前，白中铮兄在"万象"版写了一篇《炸酱面》，区区为了凑热闹也谈了打卤面。最近有一位读者斐伯言来信说，他照我们所说如法炮制，打卤、炸酱居然做得都非常成功。以云南蒙自人做炸酱、打卤面，请北方朋友吃，结果颇得好评，所以特地写信来问，炸酱面还有别的做法没有，下回约朋友小叙也好再露一手。

　　做炸酱面可以随人喜好，加上配料，不过有两样配料，以我个人的口味来说，还是不加为是，一是花生米，二是豆腐干。肉丁炸酱加上花生米，软硬夹杂，非但有碍咀嚼，甚至互不相侔，也不对味。肉末加豆腐干，夺味不说，似乎跟面一拌，那面总觉着不是炸酱面了。说句良心话，对于这种非驴非马的炸酱，深感实在无法消受。可是武汉三镇，上溯皖南苏北，炸酱面里真有不少加豆腐干的，还愣说是北平做法，那真是天晓得了。

　　舍间在炸酱面吃腻了的时候，研究出一种新法炸酱，不用肉丁、肉末，而用虾米和鸡蛋。渤海湾青岛、烟台沿海一带有一种小虾米，北平海味店称它"小金钩"，只有两三分长，通体莹赤，虽然体积细小，可是虾皮褪得非常干净。别看虾小，鲜度极高，吃的时候用滚水泡上半天，虾肉才能回软。鸡蛋另外炒好打散，葱、姜煸锅，将酱炸透，然后把鸡蛋、虾米一块儿下锅炒好，拿来拌面。吃这种面宜于吃不过水的锅挑，面条不能太细，酱要炸得稀一点，若是酱太干、面太细，挑在碗里拌不开，就不好吃啦。小金钩鸡蛋炸酱，既经济又省事，喜欢吃炸酱面的朋友不妨试试。另外一种是卤虾炸酱。关东卤虾是全国闻名的，东北的卤虾小菜、卤虾油，不但长江流域、珠江流域各大城市有得卖，就是远至云贵四川，大点的土产店也不时有关东卤虾油出售。至于关东的卤虾酱，恐怕除了东北，只有平津才能买得到呢！

　　喜欢吃鱼虾，对海鲜有研究的朋友有人认为，不论江湖河海，凡是能吃的鳞介类，热带的不如温带的，温带的不如寒带的。越往北，肉越细味越鲜。证之松花江白鱼的肥嫩，哈尔滨大螃蟹的鲜腴，都非亚热带地区水产所能比拟。这种论调似乎是言之有据，颇有道理。福建虾油也是颇有名气的，广东虾酱更是粤省特产，油也好酱也好，要是跟关东卤虾一比，那就味道各有不同了。梁均默（寒操）生前是我们一群馋人所公认老饕中大老，他对饮馔的品评没有地域观念，只要好吃，不分中西，不论南北，他都列为珍品上味。用关东卤虾炸出酱来拌面，他认为比岭南虾酱鲜醇味永，不过关东卤虾，北人嗜咸，所以用来炸酱，似乎口味略重了些。广东有一种罐头什锦子姜，又叫生姜藠头，甘醲渍露，酸里带甜，加上一点藠头汤来拌面，丹醴湛溢，爽口增香，的确别有一番滋味。

　　来台三十年，早几年在市面上还可以买到香港"冠益厂"出品的虾酱，后来慢慢由缺货而断档了，取而代之的是澎湖的虾酱。最近走遍各超级市场，就是澎湖虾酱也绝迹了，要想吃卤虾酱拌面，只有期诸大陆省亲，再行寻觅啦！另外有一种吃法是黄鱼红烧之后，除骨剔刺用鱼肉来拌面，虽然不是炸酱面，可是鲜腴适口，比一般炸酱尤有过之。

平津一带在端午前后，黄鱼就大量上市了，天津平素就讲究吃熬鱼贴锅子，到了黄鱼季，少不得要大吃几顿来解馋。北平到了黄鱼季，一定要接姑奶奶回娘家，好好吃顿红烧黄鱼。因为到别人家做儿媳妇，每逢有好吃的，必定是先敬老，后让小，什么吃食都不能痛痛快快大吃一顿，所以自己的父母就以吃黄鱼为借口，把女儿接回娘家，大快朵颐一番。这种大锅大量的红烧黄鱼，汁稠味厚，去骨择刺，把剔出来的黄鱼的蒜瓣肉，掺入少许猪油渣，加少许虾子油回锅再烧，拿来拌面，鲜美温醇，清腴而爽，比起炸酱又别是一番滋味。台湾近海，金门黄鱼尤以鲜美驰名遐迩，价钱又非常廉宜，凡我同好不妨换换口味，做顿黄鱼面吃，必定觉得不错呢！

想起了熏雁翅

　　万象版日前登出的一篇意大利熏雁翅，让我想起了北平盒子铺卖的熏雁翅。碰巧它们都是猪的大排骨熏的。

　　北平的盒子铺并不是家家都有熏雁翅卖，要吃熏雁翅，恐怕只有普云斋、贾华春、天福号、泰和坊几家老字号的盒子铺才有得卖。有时候还要预订。

　　天福号的熏雁翅在这几家盒子铺里最有名，据说除了用料跟别家不同外，就是熏雁翅用的锯末子，也是从北平一家叫恒茂木厂买来的黄柏松锯末子。这种锯末子别无其他杂木屑，熏出来的味道自然与众不同了。

大排骨洗净之后，最少要十斤一熏。先用香料醮猪油抹匀，然后上炉用锯子来熏；反覆熏烤几次，才算大功告成。不过熏烤手艺，是有极大讲究的。

　　熏雁翅抹油加香料各家各有自己的秘方。雁翅熏好，柔曼殷红，滑香泡泡，味醇而淡，最宜下酒。先祖老在世时，把买来熏雁翅折骨撕碎，用鲜豆嘴加黄酱一炒，用来啜粥，又是饮酒好菜，可称无尚妙品。

　　当年贾竹坡、梁鼎芬每次在舍间便饭，饭后啜粥，必问有无炒熏雁翅，有则必定罢饭啜粥，不把炒熏雁翅吃完，他们是不肯罢休的。熏雁翅北平也只有几家大盒子铺卖，后来听说只剩下天福，还每天有熏雁翅应市外，贾华、普云两家店铺早已全铺子都拆平改为市房了。大概熏雁翅这个小吃不久也要变历史名词啦！

春节几样待客的菜点

去年春节前，有朋友让我把吃春酒的菜单开一份儿出来看看。春节款客留宾，自然要准备几样像样的菜点，也就是所谓"年菜"，不过南北口味不同，东西习俗各异，要开出一份攸往咸宜、众口同调的年菜菜单，倒也煞费周章呢！舍下虽然世居北平，可是自从先曾祖宦游南北，家常饮馔，早已食兼南北，味具东西了。

依照北方习俗，除夕守岁，一交子正，就要放一挂长鞭，上供接神，迎恭逢福了。据说这时候诸神下界，考察人间善恶，所以接神上供所用的饺子都是净素馅儿，表示不随便屠杀生灵，是一心向善人家，若干年来元旦那天，舍间都是遵循旧例茹素永日。我想春节期间，家家都是酒食馈岁，蒸鸡捭豚，膏腴盈前的，虽非素食邀福，能让五脏庙清静清静也是好的。可是往来贺新春拜新年的亲戚朋友，照北方规矩，五天之内亲朋拜年都留人家吃饺子，虽然不必大鱼大肉，可是总要准备一些点心跟下酒菜，以免留饭时措手不及。

就舍下情形来说，先谈谈点心。枣糕是舍下最出色的一道甜点，是把红枣拓成枣泥，和入鸡蛋、糯米粉、猪油核桃蒸出来的，柔红散馥，其味香糯。先慈在世时最喜爱吃家人自制的这种枣糕，所以岁末奉祀，总有枣糕供奉。贾煜老（景德）生前说，这种枣糕，是晋省高级点心，是否别省所无，就不得而知了。

萝卜糕。舍间所做萝卜糕，虽然仅和入香肠、腊肉、虾米、香菜，可是选料精纯，软硬适度，就连真正广州大乡里，也觉得是纯正羊城风味。尝遍台北各大酒楼粤式饮茶的萝卜糕，确实不及舍间所制精美。

干菠菜包子。每年春季菠菜大市时候，用滚水把菠菜烫过晒干，等吃的时候，用肉汤发开剁碎和入肉末，加入盐、姜、葱、酒做馅儿，蒸包子吃，芳而不濡，腴而不腻，的确是点心中隽品。

茶叶蛋。虽然是一种极普通吃食，可是要煮得入味，也有其门道的，虽然连壳煮熟，蛋壳要敲得裂而且匀，放入红茶、食盐、八角同煮，茶叶要用未泡过的新茶，煮时水要漫过鸡蛋，也不必加什么猪骨头、花椒等调味，不过吃一次要煮一次，则蛋白蛋黄可以永远保持鲜嫩。

有了这四样甜咸点心，我想足可以留宾款客了，接下来再谈谈几样吃饺子下酒的年菜吧！

北平人过年一定少不了的一样菜叫炒咸

什，南方人叫十香菜。菜名十香，当然要有十种不同的干鲜蔬菜了，其实有些人家炒的十香菜还不止十样呢！先把胡萝卜切丝炒半熟，再炒黄豆芽，然后把豆腐干、千张、金针、木耳、冬笋、冬菇、酱姜、腌芥菜一律切成细丝下锅炒熟，放入胡萝卜丝、黄豆芽，加酱油、盐、糖、酒等调味料同炒起锅。南方炒法也有加榨菜、芹菜的，那就超过十样了。炒十香菜的诀窍是各种干鲜蔬菜，丝要切得细，长短力求一致，不但美观而且容易炒得透。酱油要酱色淡的，油要用得适当，不可过多，如嫌水分不足，可以把泡冬菇汤加入，既能柔润，又可提鲜。

酥鱼是地道北方酒菜，吃饺子也很相宜。鲫鱼要活的，以一斤四五条最标准，把鲫鱼内脏取出收拾干净后，放在大海碗里，用黄酒、酱油、米醋、白糖拌匀，泡四十分钟，调味汁水以能漫过鱼身高度为宜，可免上下翻动，将鱼弄烂，有损美观。等油烧滚，将鱼下锅煎透，将鱼起锅，放在另外锅里，一层大葱，一层鲫鱼，葱不厌多，每层再酌放姜丝去腥，然后把泡鱼的调味料全部倒入鲫鱼锅里，以能盖过全部鱼高度为佳。盖上锅盖，放在文火上煨焖一小时半，淋下香油起锅上桌（不可用猪油），此时葱溶鱼酥，尽管放心大嚼，不必担心鱼刺卡喉。酥鱼凉吃更好，做好放在冰箱里随时取用，可免临时割烹的麻烦。

松花炒肉丁。这是舍间常吃的一个菜，在别家似乎还没吃过。皮蛋跟肉都切丁，先用调味料炒肉丁，然后把皮蛋放入同炒，趁热夹马蹄烧饼吃，别有一番风味，吃饭下酒，也很相宜。

烧素鸡。据说最早是徽州人新年必备的一道清爽适口的素菜，材料以豆腐皮做的素鸡跟腐竹为主，配以冬菇、冬笋、白果、红枣为辅，因为过年，加入少许发菜，加调味料同烧，不但众香清妙，而且色泽宜人。发菜与发财谐音，新春连日牛唇彘首、鱼肉满前，吃到讨好口彩的珍美泡泡的山蕨，似乎特别开胃爽口吧！

山鸡炒酱瓜。热河有一句谚语："棒打獐子罩捞鱼，野鸡飞在饭锅里。"意思说热河有太多的野生动物，成群结队的山鸡，会自动飞到炉台上受烹。在东北吃这一类山珍似乎很普遍，所以每年春节之前，总有东北朋友送我们山鸡，点缀年意，因为每年都有山鸡吃，山鸡炒酱瓜也就变成舍下每年必备的一道菜了。后来伪满成立，山海关交通受阻，有人发现北平西郊八宝山雉鸡隽齄腴嫩不输关外所产，过年又有八宝山的山鸡吃，一直到卢沟桥事变，舍下春节总有这种野味供馔呢！

虾米酱是喜欢口味重的一道下酒菜。虾米一定要选泛黄而发红的，虾皮要褪得干干净净，把虾米先用温水洗一下，瘦肉冬笋切丁，瘦肉丁用姜、葱、料酒爆香，再用上黄酱加入虾米同炒。这道小菜最忌掺入豆腐干、花生米同炒，也不可以掺上甜面酱，如果再放辣椒，那就是南方的八宝辣酱，而非虾米酱啦。

北平习俗从正月初一到灯节，家家都是大鱼大肉，如果留客人便饭，十之八九是包饺子吃，有四样点心、五样小菜，大概也就够也。如果有南方朋友，不习惯吃面食，再准备一只暖锅，虽然不是金齑玉脍，但是相对饮啖，也可以宾主尽欢！

适口充肠舒服年

　　江浙一带每到天寒，就有请亲友到家里来吃年夜饭的习俗，北平人可就不讲这一套啦。不过北平逢到正月初一，上门来拜年的亲友，只要交情够，可不能让人空着肚子走，总要烫壶酒，端出几个酒菜赶寒气，暖和暖和，下两盘饺子，才够意思。

　　北平的规矩，初五以前不下厨煮饭，家家这几天不是吃饺子，就是吃馒头，很少人家是吃饭的，所以谁家也不准备大块文章的饭菜。过年嘛！家家都是大鱼大肉，膏腴膻鲜吃得油腻腻的，待客的酒菜，以清淡适口，腴而能爽才算上选。

　　舍下虽然是北平的老住户，可是先世宦

游江浙两广，远及云贵川，踵武至圣先师，成了东西南北之人。就是饮食方面，南甜北咸东辣西酸，不东不西，不南不北，变成杂合菜的口味啦。

以舍间来说吧，春节待客的酒菜总要吃点野味，一过腊月二十三祭灶，如果有住在乡间的亲友就会送野味来了，大半不是山鸡就是野兔。山鸡（北平叫野鸡）炒酱瓜、五香酱兔脯，都是下酒绝妙的隽品。爆腌白鱼、红焖猪肚、葱烤鲫鱼、卤什件，腴而不腻，也都是大家所欢迎的。

正月初一，有些来拜年的官客，也是念佛持斋的居士，所以待客的酒菜，还要准备点素的洞子货的时蔬（北平附近的丰台农家，有用温室培养的蔬菜叫洞子货，价钱特别高）。首先每年必不可少的是炒什香菜，又叫炒咸什，主要的是选特大的黄豆芽，因为它像如意，取其万事如意的口彩，另外配上胡萝卜、芹菜、腌芥菜、黄花、木耳、百叶、豆干、冬菇、冬笋，一共十样。一律切丝下锅，加调味料，一炒，就是一两盆，留着慢慢吃吧。

小黄瓜只有小拇指粗，蒜苗嫩而且绿，鲜豌豆嫩而甜，配荤菜配素菜，不但提味，而且有一股子清香。

烧素鸡是用豆腐皮做的素鸡，加入冬菇冬笋切片，另外要放少许发菜红烧。发菜是属于海藻类（台湾的发菜，一斤要好几千元，不过发菜不压秤，买几钱就成啦），形状好像头发，先用温水洗泡，把羼进的杂物，一律拣出，等素鸡焖烂，再把发菜同煮，等候入味，一同起锅。这个菜冷吃热吃均可，同时宜酒宜饭，现在家家都有冰箱，放个三五天都不会变味的。发菜跟发财同音，也是新年最好的口彩。

湖南的风鱼熏肉，广东的腊肉、腊肠、金银肝，都是一蒸就能上桌的菜。高兴的时候，一进腊月门，可以自己家里做点儿放着，留到新春待客。否则湖南店、广东铺子都有得卖，每样买点挂在房檐下风干，过年在北平正是朔风凛冽、滴水成冰的季节，吹上个把月，绝对不会发霉变味的。

北方在过年时节的白菜，都是经过霜、进过窖的，不但脆而且甜。把白菜心渍一下，横切成一寸高的圆堆，用芥末糖醋浇上一焖，就是芥末堆儿啦。酸甜带辣，的确爽口。或者是把蔓菁切片做点冲菜，吃一口冲鼻子，拿来就饺子，再蘸点腊八醋，说实在的，那比吃鱼翅席还入味呢。

献岁开春，就是新年，您不妨试做两样，就知道调羹之妙，端在配搭得宜，味醇质烂便能大快朵颐，并非鹿尾驼蹄，才能引厄大嚼餍其所欲呢。现在宝岛台湾，不但山珍种类繁多，谈海味比大陆名堂也更多。此地天暖气清，四季有长春之草，八节有不谢之花，时蔬鲜蕨，应有尽有，您爱吃什么敞开买，只要您割烹有道，技擅易牙，准能朵颐缘厚，过一个适口充肠的舒服年。

做酪新法

今年春节跟梁实秋、夏元瑜诸兄，在台北国宾饭店小叙，聊来聊去就聊到北平的奶酪了。实秋兄说："有一种外国货凝乳片，用来做酪不但简便，而且可以乱真。"当时我以为中山北路一带伙食房一定有得卖，可是问了几处，都是摇头全是莫宰羊（不知道），后来几位读者写信来问凝乳片何处有售，于是我又到高雄几家大百货公司问，仍然不得要领。

七月初实秋兄自美旅游返国，承惠寄美凝乳片"JUNKET"Rennet Tablets 两盒，每盒十二片，每片可制两饭碗奶酪，制法非常简单。

一、新鲜牛奶两小饭碗，约八分满，一并倒入锅里稍煮，只要温热，不可滚沸，如太热，要等吹凉再用。

二、煮牛奶时加糖，但不可过多，太甜就不像奶酪了。如有适当香料此时加入，否则不加为是。

三、趁牛奶微温时，放凝乳片，先用温水把凝乳片泡几分钟，等稍软化，用匙羹碾碎，调成糊状，加进奶内搅和均匀。

四、等牛奶凉透，放入冰箱约两小时就凝固可吃了。奶酪做好试尝之下，凝而不滞，濡而能润，虽非正宗心法，可是比起当年黄媛姗在中华路制售的奶酪，以及高雄大水沟"都一处"老板做的，都显得高明点。唯一缺点是嗅觉方面似乎少点糟香，下次再行试做，准备溶化凝乳片不用温水，改用甜酒酿（北方叫江米酒），喝酪微带糟香就尽善尽美了。

自从梁实秋兄在《联合报》"万象"版

写了一篇《酪》，在下又补充了一段《续〈酪〉》，跟着有若干读者写信给咱，问酪的做法跟凝乳片在何处有售。这种用凝乳片做酪的方法，不但简单明了，而且跟老法子做出的酪，极为相似，所以特地写来公诸同好。

扬州劗肉

　　台湾的扬州饭馆有一道菜叫狮子头，其实在扬镇一带都叫它劗嘴，苏沪一带才有人叫狮子头。劗肉只算是家庭小吃，不登大雅之堂，上不得酒席列为正菜的。

　　劗肉虽然各家厨娘各有不传之密，可是许多通则，大家都差不了许多。

　　今将吾家制法，列之于下，愿好啖朋友一尝试之。

　　猪肉必须用嫩肋条肉，忌用前腿、后腿肉，肉要细切粗斩。所谓细切者，是切成极小块；所谓粗斩者，只是用刀粗粗剁几下而已（扬州话"剁肉"即叫"粗斩"）。有些不懂的人，把肉放在案板上，用两把快刀反复切剁，肉的精华全部流失。剁完之后，剩下的只是一堆肉渣而已，怎能好吃？肉剁好后，手上要抹少许干藕粉，把肉撮成肉团，一斤肉大约撮成四至六个肉团。用手微叠，但不可勒紧，然后用大青菜叶包起来。用一只瓦质焖钵（没有焖钵，可用带盖砂锅），底上先铺一层肉皮，配上用酒蒸软的干贝、淡菜、冬菇、毛豆米、冬笋、青菜、风鸡等，再加白酱油、姜、葱、料油后，将用菜叶包好的劙肉平铺在钵之上层。要单摆浮搁，不可重叠。盖好锅盖，盖口要用湿毛巾围起来，以免走气。焖钵之下放一瓦盆，盆中放置耐火的大炭基（煤气火焰不稳定）三枚，上置铁架，离炭基一寸多高，把焖钵置于铁架之上，再罩上焖笼（笼屉店有售），经约六至八小时，连钵登桌荐餐，则隽觹甘柔，入口滑美，成了一道家庭中的美食了。

民国十五年，我同家母舅去扬州参加盐

务会议，家母舅嫌招待所太嘈杂，所以住在东西旅舍，旅馆经理陈君是他老人家旧部下，请他老人家到一个叫金凤下家姑娘家吃劁肉，据说她家做的劁肉可算是扬州第一高手。知道家母舅吃高兴了，把下家做劁肉的高手请了来做劁肉，开了一次品尝大会，我才尝到真正扬州劁肉的妙谛。

吃枣子、做枣糕

当年在大陆，无论是南方或北方，干果子里的红枣，一年四季，到处都有得卖，而且非常便宜，算不上什么稀物儿。拿华北来说吧，高粱一红头，豆荚一泛黄，各式各样的枣子就陆续上市啦。山东乐陵的没核的小枣，是全国驰名那就甭说啦；北平近郊郎家园的枣儿，讲品种就有二十几种之多，老虎眼、大红袍、嘎嘎枣、葫芦枣、一捻红、半面娇、胖墩、胭脂等，一时也说不清。像老虎眼大而且圆，大红袍呈椭圆形甜而且脆，嘎嘎枣两头尖肚子大，葫芦枣活像一只葫芦，一捻红娇小红艳，半面娇半红半青引人注目，胖墩圆而厚实、核小肉多，至于胭脂自然是颜色特别红得可爱了。华北冀、晋、鲁、豫几省，都是枣子出产地，把吃不了的枣子晒成干果子，运销华中、华南，甚至于出口到东南亚各国，每年都要赚取不少外汇。

枣子树是不怕水的果木树，俗语说旱瓜涝枣，哪年雨水多，枣子就越丰收。围绕北平的各县来说，山坡河边到处都种有枣树，枣花的香味固然馥郁醉人，等枝头枣子渐渐由青而转为浅绿翠白，最后琥珀流光，烂漫炫目，芳蕤秘醇，顺风而宜，就更可爱啦。北平的大宅小户或在门前或在后院，几乎家家都有几株枣树，点缀在家庭的院落里，如果是临街树上枣子成熟，过往行人，只要是跟主人家道声"劳驾"，溜几只树挂的枣儿吃（北平人从树上打枣儿又叫溜），是常有的事。因为枣子产量多，价钱又便宜，所以在大陆用枣泥做馅儿的吃食种类很多，不但货真价实，而且说枣泥就是红枣泥，绝无黑枣红糖乱掺乱搅。枣糕最粗的是不去核不退皮，用砂锅扣出来的黄米面的枣糕，香甜解饿，是最为大众化的食品。到了长江一带做的枣糕就细致了，枣泥跟糯米粉揉匀了擀成薄皮，中间包上桂花糖，或者是芝麻、山楂、核桃、松子馅，填在各种式样上的木头模子里，印好花纹，然后磕出来上锅蒸熟，一块糕用一块粽叶托着拿来奉客，晶莹凝玉，入口甘沁，是春节待客的隽品。

当年在大陆舍间，每到农历新年，总要蒸一两屉枣糕，虽然枣子便宜好吃，可是做起来费工费事。还珠楼主李寿民兄说："这是唐府拿手好戏，一年只一演，机会难得，不可错过。"这种枣糕，第一要枣子选得好，皮粗肉淡虚泡囊肿、中看不中吃的侉枣不入选，要挑皮紧肉厚核小的红枣，加凉水下锅煮到七成熟，取出趁热剥皮去核，再上锅蒸软，把枣肉研烂成泥，鸡蛋二十枚，去壳倒入大海碗，顺一个方向打匀（现在可用打蛋器打），陆续放入白糖二十两。如不喜欢太甜，糖的数量可减少。等糖蛋搅匀，将干糯米粉二十两，随打随慢慢掺入，等三者混合，再将枣泥陆续搅入，此时愈搅愈吃力（可是打的时候越久，蒸出来的枣糕才松软适口）。枣糕米浆打匀后，用白铁皮做的圆盒或铝制器皿，涂遍花生油或色拉油，铺上一层豆腐衣，将枣糕浓浆倒入铝铁器皿里八分满，上面放几粒胡桃仁，用笼屉大火蒸两小时就大功告成。另外要注意笼屉要严，时间不到，切忌掀开笼屉看。枣糕蒸好，可切成小片飨客，凉后再蒸，或者用小火轻油煎热吃，都滑润香柔、甜醺九投，允称细点中隽品。

这种枣糕，是哪一省做法，笔者当年也说不上来，我家做法是从外祖母家传来的。以前在台湾各处还可以买得到红枣，所以舍间逢到岁除，总要蒸一块枣糕来祭祖上供，后来原料来源不继，只好从阙。近两年来，每逢旧年，物资局都要从韩国进口一些红枣，价钱也不算贵，今年更是大量供应民众，所以舍间近年来也就重复旧仪，蒸块枣糕上供。喜欢吃枣泥甜品的人，不妨自己试做点儿尝尝。在台湾会做这种枣糕的人家并不太多，除了舍亲黄季陆姻丈府上外，听说贾沁老（景德）生前，贾府也会蒸这样枣糕，并且说这种做法是他老人家的家乡风味。我想贾老这样说，一定源出有自的，可惜龙光早奄，请益无从了。献岁肇始，大地回春，喜欢吃的朋友，春假里做块枣糕来尝尝，我想大家吃腻了奶油蛋糕，来块儿纯中国味的枣糕吃，准保别有一番新的滋味呢。

红 鱼

平素给我检查身体的一位西医，经常跟我说，古稀以上年龄的老人，饮食方面要特别注意，最好多吃鱼类，少吃肉类，我平素虽然少吃肥浓的兽肉，可是在大陆时吃惯了淡水鱼，对于海鱼嫌它腥味稍重，所以不太欣赏。因为那位西医生长在黑水白山的东北，我便跟他半开玩笑地说，如果有像松花江出产那样鲜腴肥嫩的白鱼吃，纵令三月不知肉味亦所甘心的。

谁知就在农历年前，他送来一个精致礼盒，里面有两条活生生的鲜鱼，还说："这种鱼是埃及特产，叫红尼罗鱼，体型色泽跟日本的赤鯮相似，肉质的细嫩鲜美跟松花江的白鱼仿佛，这种鱼以绿藻做主食，所以叶绿素蛋白质都很高，肉身厚，冗刺少，对于血压或胆固醇嫌高的老年人，都是最好的保健营养食品，煎烤清蒸红烧都好。"

我看这鱼腹壁肉质雪白，是一种高级鱼类，献岁迎春，用埃及红尼罗鱼待客，确是一味清隽保健的珍品呢！